U0008807

แคคตัส
CACTUS

仙人掌圖鑑聖經

Pavaphon Supanantananont ／著

編輯的話

　　記得小時候姊姊送給了我一盆仙人掌，整株都是尖刺，我小心翼翼的把仙人掌和石蓮及十二之卷放在一起，每次當仙人掌被碰倒時，我一點也不想扶正他，因為我怕被他那又尖又銳的刺給刺傷，這時我就會忍不住想：「到底有誰會喜歡種這種長相如此怪異，又有尖刺的植物啊？種仙人掌肯定會被刺傷！」，但即使對擁有尖刺的仙人掌感到害怕，我還是把他養得很好，還種到開花了，遙想當年玩仙人掌的人還不算多呢！

　　如今，仙人掌已經是很普及的植物了，所以可以這麼說，如果你還不認識仙人掌，那真的非常可惜，就連我自己也會買些便宜的仙人掌回家點綴，還有仙界的好友們也送了我不少株呢！

　　本書的作者是 Pavaphon Supanantananont（暱稱 Ohm），是仙界的小鮮肉，對我而言是兄弟、是朋友，也是教我栽種仙人掌的導師，在製作本書前，我諮詢了許多仙界的前輩們，並延請 Ohm 為作者，讓對仙人掌有興趣的人能有書參考，從中學習栽培仙人掌的知識與技術，而且內容也含括 1,000 種仙人掌與品種照片，為了蒐集這些照片，本書費時兩年多才得以付梓。

　　本書是作者與出版社嘔心瀝血的鉅作，我相信這是一本內容最豐富完整的仙人掌參考書，希望書中的資訊對讀者有所助益，若書中有任何錯誤，在此說聲抱歉，下次改版時會重新更正。

　　在此感謝各位仙友讓我們在各位的園子裡蒐集仙人掌相關的資料，也謝謝 Dao(暱稱) Sunitsorn Pimpasalee 老師、Chinnawat Yotsiriphan 先生的美麗插畫讓本書臻至完美，願本書對新手、業者及對仙人掌品種感興趣的各位有所幫助。

Urai Chiramongkolgarn

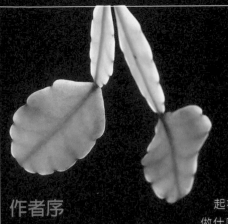

作者序

起初踏入仙人掌世界的時候，我一直搞不清楚這株仙人掌的名字叫做什麼，而那株的名字又叫做什麼，為什麼同一物種的仙人掌形態、外觀差異如此之大，為什麼沒有一本書能回答我的問題呢？

從那天起，我自己開始慢慢地查資料，遍閱眾仙，有些種類很珍稀，有些則很常見，眾仙中讓我一見傾心的不在少數。後來我終於決定提筆撰寫本書，為了讓喜歡仙人掌的各位有本能引領入門的參考書，所以本書旨在收錄如今可供大家賞玩的仙人掌們。

兩年多以來，我為了這些仙人掌走遍能想得到的地方，並且傾注所有信念撰寫本書。

相信會有人幫助尋找需要的仙人掌素材，
相信本書對讀者有幫助，
相信已將本書的錯誤降至最少，
相信自己能撰寫出心中最完美的樣子，
以及相信有人正苦苦坐等本書出版。

所以本書不只是我一人的成果，而是集合仙人掌玩家、業者之力，讓本書中的眾仙能以最佳姿態跟讀者相見。

感恩大家讓我的信念成真，
感恩眾人友誼相挺，
一切盡在不言中！

Pavaphon Supanantananont

目錄

各屬仙人掌圖鑑

認識仙人掌

簡介

仙人掌科植物包含很多物種，在外觀上也有很多種變化，即使是同一物種的仙人掌，但有時外觀差異卻大到讓大家認不出是同一物種，尤其是用各種繁殖方法變異出的栽培品種，所以若育種家沒有一開始就作成嚴謹的育種紀錄，是很難認出其後代是哪一種仙人掌。本書收集了各種不同的原生種及品系仙人掌，有些仙人掌選用多張性狀明顯不同的照片，便於讀者認識該種仙人掌外觀性狀的多樣性，希望本書對這些有刺植物感興趣及喜愛的人多少有些用處。

另外，仙人掌的學名隨植物學家研究不斷在變動，我是以 www.theplantlist.org 為準，使用最新最正確的學名，該網站是許多植物園採用的線上資料庫，所以本書有些仙人掌的名稱與原先大家所熟悉的名稱不同。

此外，栽培品種 (cultivar)，會使用 '_____' 的格式，讓大家知道是從原生種中選別出的園藝品種；而仙人掌的錦斑變異 (variegated)、石化變異 (monstrose) 及綴化變異 (cristata)，則會以 variety 或 forma 取代括弧裡的字，這是市面上很流行的註記方式，此種註記是源自於育種家，因為這些變異大多數性狀未經正式學術發表或無參考文獻。

本書仙人掌名稱是採市場上慣用的名稱，若該仙人掌尚未有名稱，則會使用英文名稱來音譯。

在智利 Guanillos Valley 的 *Copiapoa longistraminea*

照片拍攝：Ignazio Blando

照片拍攝：Dr. Anthony Gift

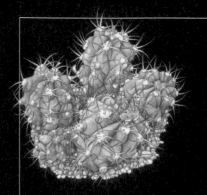

仙人掌的起源

雖然從未有人發現仙人掌的化石，但可以推斷原本仙人掌始祖的外觀與葉子跟其植物一樣，直到中生代 (Mesozoic) 末期至第三季 (Tertiary) 初期因氣候惡化與巨變，許多開花植物為了生存而演化。

同一時期，有一群植物面對著高溫、乾旱以及劇烈變化的溫度，他們演化出能夠長期將水分貯藏的莖部、改變植株外形以適應環境，有的植物縮小身形，有的則改變外形，這群植物就是「仙人掌」(Cactus)。

美洲的仙人掌的分布中心可分為三大區域，第一個是美國南部到墨西哥，此區有著各式各樣的柱狀類仙人掌 (Columnar Cactus)，第二個區域是在安地斯山脈的祕魯、玻利維亞、阿根廷及智利，最後第三個區域則是巴西的東部。

除此之外，仙人掌科絲葦屬 (Rhipsalis) 分布於非洲熱帶地區的某些種類，其分布並無法確定是否與人類、鳥類或其他動物的行為有關，又或者原本這些絲葦屬物種就是起源於非洲熱帶地區。

綠色部分為仙人掌的起源及分布區域。

照片拍攝：Ignazio Blando　　　　　　　智利 Nord Taltal 峭壁邊緣的黑王丸 (*Copiapoa cinerea*)

　　仙人掌以其能忍受極度乾旱而廣為人知，例如某些分布於智利阿他加馬沙漠 (Atacama desert) 的龍爪球屬 (*Copiapoa*) 物種，阿他加馬沙漠算是世界上最乾旱、最熱的沙漠，年降雨量只有一毫米，某些龍爪球屬仙人掌在極度乾旱下，為了讓植株先端繼續生長，會從自身下位的組織裡汲取水分，直到雨季來臨，才會從植株基部重新長出新的根系。

　　然而仙人掌的原生環境並非如同大多數人所知僅分布於沙漠，有許多仙人掌原生地並不比一般的植物惡劣，例如月之薔薇 (*Pereskia bleo*) 生長於乾燥的森林，其外形長的像灌木，曇花屬 (*Epiphyllum* spp.) 仙人掌及許多附生仙人掌則演化成能適應熱帶雨林，依附在樹枝上開著美麗的花朵，又或者如在各地海岸邊繁衍生長的團扇屬 (*Opuntia* spp.) 仙人掌，其原生環境多樣，已演化出能適應各種不同的環境，隨著時光推移，今日這些仙人掌依然堅韌的生存於世上。

生長在加勒比海地區的古拉索 (Curacao)
島岸邊的巨型仙人掌，原生地滿布來自
海洋的珊瑚礁碎屑。

照片拍攝：Lemon Tea Yi Kai

仙人掌最先在美洲大陸被發現，時光流轉，當人類開始帶著植物的種子遷移時，也將仙人掌帶到世界各地，例如最常見的團扇屬 (Opuntia) 仙人掌，因為不需要特別的加工貯藏方式，採收後放著即能長期保存，所以在古時候常作為航海員的儲備糧食，這是團扇屬仙人掌傳播至世界各地並在自然環境下繁衍的原因之一，特別是自古就有海上貿易來往的國家，例如泰國、澳洲、非洲、印度以及南歐等地。而後，仙人掌的傳播則是因為被當為奢侈炫富的裝飾品，且受到細心的呵護，與昔日作為糧食的地位大大的不同。

仙人掌的演化以加拉巴哥群島 (Galapagos Islands) 為例，研究顯示島上的原生團扇屬仙人掌多達5種，分別為 O. galapageia、O. helleri、O. insularis、O. megasperma 及 O. saxicola，這些仙人掌又各自演化成諸多不同的變種 (variety)。時至今日，植物學家已發現仙人掌有118個屬，超過 1,200 個物種，這還不包括雜交種及栽培種等人為育成的新品種，而且還有令人驚艷的新物種不斷被發表呢！

達爾文在位於南美洲厄瓜多的加拉巴哥群島上，發現動植物為適應環境而演化出不同的物種，進而提出進化論。

照片拍攝：Rattapol Sirijearanai

Copiapoa solaris 為稀有且瀕臨絕種的仙人掌之一，發現地點為智利的 Blanco Encalada。　照片拍攝：Ignazio Blando

青銅龍 (*Browningia candelaris*)，原生於
祕魯南部至智利北部，成株株高可達 6 公
尺，是種罕見的仙人掌，
其屬名是為了紀念智利聖地牙哥英語學院
(Instituto Inglés) 前主任 W.E. Browning。

照片拍攝：Rattapol Sirijearanai

一般形態特徵

仙人掌 (cactus) 為雙子葉植物仙人掌科 (Cactaceae)，特徵為具有「刺座」(areole)，刺座分布在稜脊上，外觀上看起來與許多大戟科 (Euphorbiaceae) 多肉植物很像，但是大戟科多肉植物的花朵沒有花瓣跟萼瓣。子房位於植株上端，傷到植株時會流出濃稠的白色乳汁。

仙人掌各部位名稱

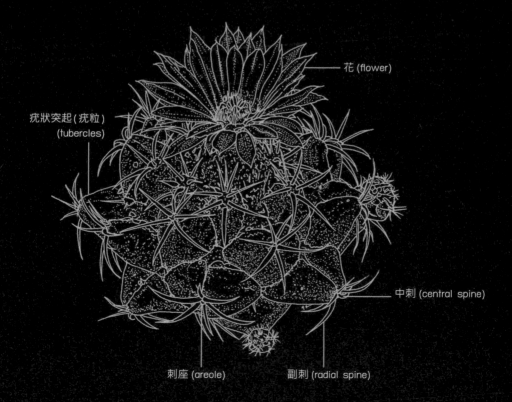

疣狀突起 (疣粒) (tubercles)

花 (flower)

中刺 (central spine)

刺座 (areole)

副刺 (radial spine)

莖 肥大多汁，表皮蠟質光滑，有利於貯藏水分。具有各種形狀，單幹或具分枝，有鋸齒狀的稜脊，每一個鋸齒稱為疣狀突起（或疣粒）；有些物種的莖沒有疣狀突起，形狀像葉片或是呈圓棒狀；有的物種則為單一圓球狀，有的則易生側芽呈群圓球狀。根據每個仙人掌物種的原生環境及演化生長的特性，仙人掌可能為單株或成叢生長，而高度從幾公分到近十公尺均有之。

葉 仙人掌的葉片演化為能減少植株喪失水分的尖刺，使仙人掌能在乾旱的環境中生存，而看似像葉片的突出部分則是疣狀突起 (tubercles)。只有葉仙人掌屬 (Pereskia) 及麒麟掌屬 (Pereskiopsis) 仙人掌仍具有真正的葉片，這些葉片能幫忙蒐集空氣中的水分供植株再利用。

刺 大家想到仙人掌就會想到「刺」，導致大多數的人以為具有刺的植物就是仙人掌，但是仙人掌裡有許多屬並沒有刺的構造，例如星球屬 (Astrophytum) 跟烏羽玉屬 (Lophophora) 的部分物種。

仙人掌的刺可分為兩部分，分別為中刺 (central spine) 及副刺 (radial spine)，中刺為最大最粗的刺，而副刺則環繞於中刺旁，中刺及副刺位於疣狀突起的末端。有些仙人掌可能僅有中刺或者僅有副刺，甚至沒有刺。刺有多種顏色，像是白色、紅色、橘色、黃色，顏色與物種有關，有些仙人掌刺的顏色甚至會隨著種植方式及環境光線強弱而變。

仙人掌突起構造之名稱

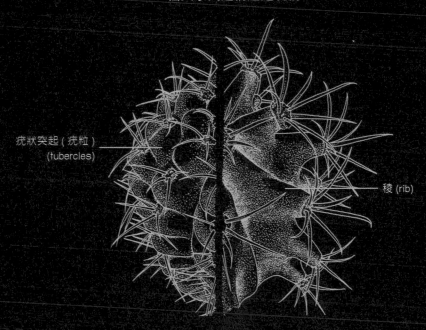

疣狀突起（疣粒）
(tubercles)

稜 (rib)

刺的構造

刺座

絨毛 (trichome)

副刺

中刺

仙人掌的刺具有多種功能,例如保護不被草食性動物啃食、呈白色蓬鬆狀以反射陽光,使植株莖部減少陽光的照射,

此外,也具有幫助清晨所結露水流經莖部,然後再流至土表下給根系吸收的功能。

刺的各種形態

短刺
(conical spines)

紙質刺
(papery spines)

梳狀刺
(pectinate spines)

輻射刺
(radiate spines)

針狀刺
(needle-like spines)

錐形刺
(awl-shaped spines)

鬃毛狀刺
(hair-like spines)

羽狀刺
(feathery spines)

鉤狀刺
(hooked spines)

花 仙人掌花朵著生於植株近先端，可能著生於疣狀突起腋處、疣狀突起先端又或是刺座上，有些物種之花朵由植株頂端之花座 (cephalium) 長出，如花座球屬 (*Melocactus*) 及圓盤玉屬 (*Discocactus*) 植物等。

完全花，雌蕊位於中央，周圍為雄蕊，無花梗 (peduncle)。有許多不同的花形，如漏斗狀 (funnel-shaped)、鐘狀 (bell-shaped)、盤狀 (dish-like)、管狀 (tubular)。花被片有多種顏色，像是紫色、黃色橘色、粉紅色、紅色、白色、奶油色。若以形態區分，可分為 2 類，分別為輻射對稱 (actinomorphic) 花及兩側對稱 (zygomorphic) 花。

有些仙人掌的花壽命僅 1 天，有些種類的花壽命可達 2-4 天，花朵壽命的長短取決於天氣的好壞。開花時間有的在白天，有的則在晚上。有些種類的花朵具香氣，以吸引蝙蝠、蝶類、鳥類或其他昆蟲幫忙授粉。

花朵著生於疣狀突起腋處

花朵著生於花座上

花朵著生於刺座附近

花朵著生於刺座上

花朵構造

花被
花藥
雄蕊
柱頭
雌蕊

花朵不同的形狀

漏斗狀
(funnel-shaped)

管狀
(tubular)

盤狀 (dish-like)

鐘狀 (bell-shaped)

輻射對稱 (actinomorphic)

兩側對稱
(zygomorphic)

果實及種子 漿果 (berry)，橢圓形或圓形，表皮蠟質光滑，有些物種果實外披覆有毛或尖刺保護，果肉軟，內含種子，當果實成熟，果皮會轉色、果實開裂，有些物種果實內果肉多，可食用，能吸引動物食用達到傳播子代的目的，如三角柱 (Hylocereus undatus)、龍神木 (Myrtillocactus geometrizans)、巨人柱 (Carnegiea gigantea)、團扇屬 (Opuntia) 仙人掌等。

仙人掌的栽培史

在開始流行種植仙人掌的時代之前，自西元 16 世紀以來，為了換取金錢及有價值的東西，所有的仙人掌植株都是直接採自於自然原生地，跟其他植物與野生動物一樣，當仙人掌傳到歐洲時，因為物稀而成為高價商品，只有皇室及貴族才有足夠的財富購買，所以才開始想辦法繁殖那些仙人掌，然而因當時有限的資訊及不易進入原生地，所以當時能繁殖的仙人掌大多為自然結果及容易繁殖的種類。

仙人掌除了在菁英階層流行外，自從西元 17 及 18 世紀起，許多植物園也蒐集種植了不少的仙人掌種類，像是荷蘭的阿姆斯特丹植物園 (Hortus Botanicus)、英國的皇家植物園邱園 (Royal Botanic Gardens, Kew) 以及西班牙的馬德里皇家植物園 (Real Jardin Botanico de Madrid)，這些機構派出專家到另一個半球調查及蒐集各種植物，回國後研究及保存於庫房中。直至西元 19 世紀，開始有人以銷售至全世界為目的，建立仙人掌農場，同時間，為了保護原生棲地瀕臨絕種的植物，開始有法律管制原生地的採集及出口仙人掌及其他稀有植物數量，因此許多種苗場開始投入具有市場及保存價值的仙人掌繁殖，使得許多仙人掌開始流通於市面，並且比起原生地更容易見得到。

許多西方人喜歡從原生地採集原生種的仙人掌，並且努力維持其品系的純度，不與其他種類的仙人掌或不同採集地的種源雜交。然而日本人則著重於跨物種或品系間的雜交，從中選拔育成性狀完全不同的新品種，許多仙人掌品種的育成是需要百年以上的選拔，例如目前兜 (Astrophytum asterias) 的許多品種，外觀與其祖先有著明顯的差異。

兜 (*Astrophytum asterias*)

泰國種植仙人掌做為園藝作物的時間大約是在西元 1937 年，但主要仍是在蒐藏家間流通，販售仙人掌的店家仍不多，需要自行從國外買種子回來自己播種繁殖。隨時間推移，愈來愈流行種植仙人掌，加上仙人掌養久長大後開始開花結果，不少家族投入種植仙人掌新的行業，開始認真的繁殖仙人掌，並且開始雜交、蒐集種子繁殖販售，使許多仙人掌不必再依靠進口。

自仙人掌引進泰國開始到如今，泰國的仙人掌栽培家蒐集了許多不同形態的原生種跟雜交種仙人掌，而且有厲害的育種家不斷的幫我們育成美麗的仙人掌，造就家家有仙的景況，這群育種家是泰國仙人掌強而有力的推手，相信未來泰國的仙人掌定能與其他國家相提並論。

基因突變產生的罕見綴化變異

仙人掌外形突變呈城牆狀，或者植株先端生長連接成片狀，扭曲、彎曲成群，與原本正常植株不同的性狀稱為「綴化變異」，源自「cristata」或者「crested」，意指其形狀如「冠」。

除了莖頂綴化變異外，綴化變異也可能發生在其他部位，如花朵、根部，或是刺座綴化，使刺得排列比原先更長更明顯。

綴化仙人掌的花大部分形態正常

有時候植株莖部未綴化，但卻開出綴化的花朵

曾有人認真研究仙人掌百年來的綴化變異,然後重新命名,但最後還是採用以品種 (cultivar) 的方式界定之。

在文獻紀錄上,除了有古老的文件外,還有右書,例如西元 1938 年出版的 The Enigma of the Origin of Monstruosity and Cristation inSucculent Plants 深入探討綴化變異,西元 1959 年也有人將具有綴化變異的 224 種仙人掌集結成冊。

綴化仙人掌有許多繁殖方法,有的可以跟一般正常仙人掌一樣以播種繁殖,但其子代也許不會跟母本具有綴化變異,或僅極少子代具有綴化變異,所以綴化變異是隨機產生,可能僅有百分之一或千分之一的機率,重要的是這些種子繁殖子代都長得不一樣,不論是刺或植株外觀形態都不會重複。綴化變異可以在幼苗期篩選,但有些需要長到成株或老生長點遭受破壞後才會產生綴化,不管怎樣,綴化的仙人掌如果在識貨的玩家手裡價格都很高,因為獲得綴化仙人掌的機率實在太低了。

除了以種子繁殖外,為了不讓綴化植株外形跑掉,嫁接跟分株也是很常使用的繁殖方式,但有時新的植株會返祖為一般的正常形態,或者植株時為綴化、時而恢復正常。

The Enigma of the Origin of Monstruosity and Cristation in Succulent Plants 一書

Copiapoa longistaminea
自然綴化變異。

照片拍攝:Ignazio Blando

圓盤玉屬 (*Discocactus* sp.) 本株刺座綴化成片且成彎曲成弧形,稱之為「刺座綴化」,有些專家認為這是石化變異 (monstrose) 的另一種形態。

仙人掌錦斑
變異的原因與特色

　　自古就有珍藏錦斑變異仙人掌的風潮，文獻紀載在西元17世紀貝福特女公爵 (Duchess of Beaufort) 就蒐集了具有錦斑的仙人掌。在亞洲，日本則是第一個認真選育錦斑仙人掌的國家，而且持續瘋靡選拔錦斑變異至今。

　　仙人掌的錦斑變異，是因為植株部分或全部失去細胞內行光合作用的葉綠素，使其他色素的顏色得以顯現，例如粉紅色、白色、黃色、橘色或紅色，每個顏色分別對應不同的色素，例如類胡蘿蔔素及葉黃素對應黃色、橘黃色，而花青素則呈現紫色、紅色等。

　　錦斑變異仙人掌若完全不帶綠色組織將無法存活，所以需要透過嫁接 (grafting) 在其他強健的仙人掌上，將養分及光合作用產物輸送給無葉綠素的錦斑仙人掌，使其正常生長，此類仙人掌的代表是緋牡丹 (*Gymnocalycium mihanovichii* 'Hibotan')。

Melocactus harlowii (variegated)

不具葉綠素的錦斑變異的植株，如緋牡丹需要透過嫁接獲得養分及光合產物。

因此，許多錦斑變異的仙人掌生長勢弱且較易得病，如果不用心照顧就容易死亡或絕種，例如以前歐洲人很喜歡栽種的 *Hylocereus undatus* 'Pictus'，其外觀為金黃色與綠色交雜十分顯眼，但卻因為世界大戰而絕種。

錦斑仙人掌具有神奇的魅力，具市場需求，而且大部分價格很高，所以較難得一見。新育成的錦斑仙人掌，一開始價格十分昂貴，有些價格可以萬或十幾萬起跳，使得新手玩家對於要選擇什麼樣的錦斑變異感到疑惑。實際上種仙人掌是為了怡情養性，並無一定的標準，有些人認為一半正常一半錦斑的仙人掌比全株均變異的更美麗，但如果是以比賽標準來說，一般還是會選擇全株錦斑變異的仙人掌，而不會選擇部分錦斑變異的植株。

如果以種子繁殖，父本或母本帶有錦斑所產生錦斑後代的機率，比父本或母本無錦斑來得高，如果該錦斑植株能分株繁殖，其側芽可能帶錦斑或不帶錦斑，取決於該芽體所在位置錦斑的程度，此外，也有側芽小時候不帶錦斑，長大後才帶錦斑的情形。

無論如何，錦斑的性狀會隨著時間不斷改變，許多因素會影響錦斑的表現，例如光線、肥料，或者是某些營養元素，使得仙人掌莖表的花紋改變，也有可能完全失去綠色。

Hylocereus undatus 'Pictus'

不同父母本雜交出的後代性狀可能並無不同，一個果實中可能僅有幾株後代外觀不同，或者後代外觀幾乎都不同。

石化變異 (monstrose)、綴化變異 (cristata) 及錦斑變異 (variegated) 的仙人掌有許多不易繁殖與栽培，所以常與其他種類的仙人掌嫁接，以加速其繁殖及更容易栽培。

許多人喜歡如圖片只有一半具錦斑變異的錦斑植株。

意外產生的
怪異嵌合體

白城 (*Echinopsis* 'Hakujo') 有著詭異神秘的外表，有時候會呈現如照片裡同時有著兩種不同性狀的外觀，這也是一種鑲嵌變異。

Do you know?

　　嵌合變異可以命名為新的一屬，屬名的命名方式是將砧木與接穗的屬名合併，此命名方式僅可用於在培品系或栽培種。此外，還必須在合併的屬名前加上「+」，以提醒此屬名是嵌合變異的屬名，而非原始自然的原生種。

　　除了透過有性繁殖育種，以父本與母本授粉後產生種子的方式來繁殖外，仙人掌的雜交也可以無性繁殖達成，例如將具有優良性狀的仙人掌接穗嫁接於砧木也能產生變異，而使接穗產生與原本不一樣的性狀變異，稱之為嵌合體 (Chimera)，這是因為是混和兩種不同來源的基因，造成植株的變異，嵌合體一詞是源自希臘傳說中混和多種動物特徵的一種怪獸。

　　新育成的變異植株外觀也許很新奇，混和了接穗與砧木不同的性狀，例如彩龍 [+*Hylogymnocalycium* 'Singular' ('Rainbow Dragon')]，其是由緋牡丹 (*Gymnocalycium mihanovichii* 'Red Hibotan') 與三角柱屬 (*Hylocereus* sp.) 嵌合而成，而 +*Myrtillocalycium* 'Polyp' 則是由緋牡丹 (*G. mihanovichii* 'Red Hibotan') 與 *Myrtillocactus cochal* 嵌合而成。有時嵌合變異植株會擁有來自接穗與砧木雙方各半的性狀，例如岩牡丹 + 短毛丸嵌合體 (*Ariocarpus retusus* + *Echinopsis eyriesii*)。

　　以嫁接方式育成嵌合變異的品種是很困難的事情，嵌合體常是意外產生的變異，大部分不同的嵌合變異植株是在大量嫁接繁殖的大種苗場裡所發現，但不是每批都會產生嵌合體，且還沒有人成功刻意的育成嵌合變異品種。

　　許多嵌合變異植株都能順利生長及正常開花，但尚無人以嵌合變異株為育種親本進一步育成下一代，所以無法得知嵌合性狀是否能如正常的植株遺傳到下一代，若能遺傳到後代，相信大家會很想知道後代會有怎樣的性狀。

　　目前實體書或網路有紀錄的嵌合品種至少有 10 種，嵌合品種如後述，但相信實際上不只這 10 種，只是其他的嵌合體品種尚未廣為流傳，據說在日本還有大棱柱屬 (*Echinopsis*) 分別和月世界 (*Epithelantha micronemis*)、海王丸 (*Gymnocalycium denudatum*)、牡丹玉 (*G. mihanovichii*)、黑牡丹 (*Ariocarpus kotschubeyanus*) 有嵌合變異的個體流傳。

岩牡丹 + 短毛丸的嵌合體 (*Ariocarpus retusus* + *Echinopsis eyriesii*)

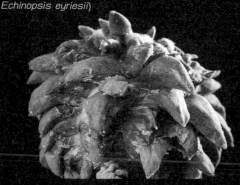

彩龍 (*Hylocereus undatus* + *Gymnocalycium mihanovichii* 'Red Hibotan')，是三角柱仙人掌與緋牡丹的嵌合變異，在泰國栽培史超過 20 年，是屬於最早在市場上能蒐集到的嵌合變異品種。

+ *Stenogonia* (*Stenocereus* sp. + *Obregonia denegrii*) (新綠柱屬 + 帝冠)

+ *Myrtillocalycium* 'Polyp' (*Myrtillocactus cochal* + *Gymnocalycium mihanovichii* 'Red Hibotan')

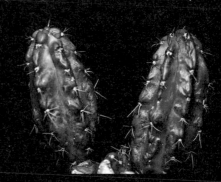

有文獻紀錄的嵌合變異名錄

Ariocarpus retusus **+** *Echinopsis eyriesii*
Ariocarpus scaphirostris **+** *Echinopsis* sp.
Ariocarpus scaphirostris **+** *Myrtillocactus geometrizans*
Astrophytum caput-medusae **+** *Ferocactus glaucescens*
Astrophytum caput-medusae **+** *Myrtillocactus geometrizans*
Echinopsis subdenudata **+** *Chamaecereus* sp.
Gymnocalycium mihanovichii var. *fleischerianum* **+** *Echinopsis tubiflora*
Gymnocalycium mihanovichii var. *fleischerianum* **+** *Hylocereus guatamalensis*
+ *Hylocalycium* (*Hylocereus undatus* **+** *Gymnocalycium mihanovichii* 'Red Hibotan')
+ *Myrtillocalycium* 'Polyp' (*Myrtillocactus cochal* **+** *Gymnocalycium mihanovichii* 'Red Hibotan')
+ *Myrtillocalycium* (*Myrtillocactus geometrizans* **+** *Gymonocalycium* 'Red Hibotan')
+ *Ortegopuntia* 'Percy' (*Ortegocactus macdougalii* **+** *Opuntia compressa*)
+ *Stenogonia* (*Stenocereus* sp. **+** *Obregonia denegrii*)
+ *Uebelechinopsis* 'Treetopper' (*Uebelmannia* **+** *Echinopsis*)

乳突球屬（*Mammillaria*）
某種石化變異株

「石化變異」
的特徵

泰國人所稱的石化變異 (mons) 是來自 monstrosities，而 monstrose 及 monstrous 意思是畸形、怪異的，形容外觀如腫瘤般的疙瘩突起，像是幻想中的怪獸。自有證據記載人類發現此種怪異的性狀，已有兩百多年的歷史。

此類外觀怪異的石化仙人掌，是因為複雜的分子生物變異，導致外觀與原本的不同，且還沒有人針對石化變異進行深入的研究。石化變異造成仙人掌不對稱、不固定的生長，使植株外觀怪異、莖幹扭曲，有些植株甚至會缺少某些構造，例如葉片、刺座或稜，我們無法預知石化變異的外觀，大部分石化變異株都具有各個構造，但有些則是構造畸形。

除了上述的特徵外，可再將石化變異進一步分類，例如增殖型 (Proliferation) 此類對稱外觀的石化變異，是因為其突起或側芽長得像芽點不斷發育生長，常見於團扇屬 (Opuntia) 的某些物種，以及鸞鳳玉 (*Astrophytum myriostigma*) 等。

許多石化變異的仙人掌可以順利開花結果，且其子代外觀正常，有些石化變異株則無法開花，但這並不表示每個子代的外觀都長得像父本或母本一樣，例如由天輪柱屬 (*Cereus*) 某一個物種的試驗中可見，其子代外觀有許多種變化，有些與親本外觀相似、有些比親本更奇怪，或者外觀回復為正常。

石化變異完全是自然發生的，且能在自然環境中生存，並無生長弱勢現象。在原生環境下，石化變異株完全能正常生長發育，所以喜歡石化變異的蒐藏家們可以互相邀約觀摩、分享，這也說明仙人掌即使是同一個物種，不同的外觀也具有各自的觀賞價值。

許多仙人掌的石化變異品種，從其外觀已經無法分辨是由哪種仙人掌變異而成，如果想知道原本是哪種仙人掌，就只能等其返祖後再辨別了。

影響栽培仙人掌的要素

　介質　附生類仙人掌，例如曇花屬 (*Epiphyllum*)、絲葦屬（葦仙人掌屬)(*Rhipsalis*) 及梅枝令箭屬 (*Pseudorhipsalis*) 仙人掌，最簡單易取得的介質是椰塊、樹皮或使其附生在原木 (木頭) 上。而對其他的仙人掌而言，適合的介質則是調配過的培養土，有多種不同的配法，這些配方可於賣仙人掌的商家或農業資材店裡購得，適合仙人掌種植量不多的人，而且還能省去自行調配的時間及成本，但如果培養土需求量大，最好還是自行調配，除了能調整出適合自己的培養土配方外，還能降低成本。

蘭石 2 號	赤玉土 粒徑大	鹿沼土 粒徑大	粗砂	珍珠石
蘭石 1 號	赤玉土 粒徑中	鹿沼土 粒徑小	活性碳	碳化稻殼
蘭石 00 號	赤玉土 粒徑小	泥炭土	椰纖	椰塊

良好的仙人掌栽培介質必須透氣性佳、排水快，具有豐富的營養元素。保濕，但不會一直維持在高濕度狀態，使根部能盡可能生長、分布，獲得最多的養分。除了土壤外，還流行使用以下其他介質混和成仙人掌的栽培介質。

蘭石 (Pumice) 特性為多孔、重量輕，可浮於水面上，透氣性佳，可用來增加介質的排水性及透氣性，有多種粒徑大小可供選擇。

泥炭土 (Peat Moss) 由死亡的水苔沉積、分解而成黑色碎屑，常用於播種或與其他介質調配混和，保水力佳，可保濕、保肥，但因為需要從國外進口，所以價格較一般的土高。

珍珠石 (Perlite) 由火山岩經高溫加工形成，重量輕、易吸水，但水分容易蒸發，幫助介質透氣，有多種粒徑大小可供選擇，因為需要從國外進口而價格較高。

活性碳 木材於高溫下燒製碳化而成，排水及透氣性佳，優點是價格低、壽命長。

椰塊 易得，常置於扦插仙人掌插穗的盆器底部，排水性佳，但因分解後排水性差，常造成盆器底部潮濕，所以需要年年更換。

碳化稻殼或稻殼灰 幫助一般土壤透氣、排水性佳。

赤玉土 (Akadama) 無肥力，原為盆景栽培用，使盆景植株生長慢、株形佳，可鋪於土表增加美觀，且排水性佳，故拿來種植仙人掌以減緩生長速率，又能獲得與盆景一樣的美觀株形，所以許多人喜歡以赤玉土與其他介質混和，或取代石礫鋪於土表，粒徑大小有 3 種可供選擇。除此之外，同樣來自日本的介質還有鹿沼土 (Kanuma)，鹿沼土含有養分，可促進仙人掌生長。

優質的介質配方有好幾種，不同的配方適合不同的仙人掌，配方並非是一成不變，需要不斷的觀察並調整配方，才能找出最適合自己栽培習慣及該栽植仙人掌種類的介質配方。

配方 **1** 壤土：粗砂：活性碳：腐熟堆肥 =2：3：1：1

配方 **2** 泥炭土：蘭石：珍珠石 =2：1：1

配方 **3** 壤土：碳化稻殼：粗砂：腐熟堆肥 =3：1：1：1

配方 **4** 壤土：珍珠石：盆底鋪蘭石 =4：1：1

種植仙人掌的方法 有了盆器跟栽培介質後，種植方法如下：

1 將盆器碎片、保麗龍或蘭石鋪於盆器底部覆蓋排水孔，減少土壤從排水孔流失，但須維持培水順暢。

2 置入蘭石及配好的介質至盆器大約 1/3-1/4 的高度。

3 放入仙人掌，確定位置後覆土。

4 接著鋪上石粒或赤玉土或鹿沼土。

5 澆水澆透後，將栽種好的仙人掌置於半日照環境下，促進根系生長，當地上部開始生長後，移至光線更多的地方。

盆器 應選擇適合栽植的仙人掌盆器，盆器有許多造型跟設計，應優先考量盆器的通氣性及排水性，應避免使用上釉的盆器，上釉過的盆器通氣性及排水性差。盆器的大小不應比仙人掌大太多，若過盆器過大，栽培介質會保留過多的水分，使植株容易生病。

適合仙人掌的盆器有兩類，一種是陶盆或上釉的素燒陶盆，大多數陶盆的排水性比塑膠盆佳，如果習慣常澆水的人，就適合使用這種通氣性佳的盆器，但其缺

點是重量重、易壞、價格高。

另一種適合栽種仙人掌的盆器是塑膠盆，透水性及通氣性較陶盆差，使介質更保水，適合不太有時間澆水或不喜歡澆水的人，也適合喜歡高濕度的仙人掌。其他優點有仙人掌的根不會抓住塑膠盆的盆壁、價格低廉，大量栽培的人可以節省成本，更重要的是要記得，不同類型的盆器，水分蒸發速率快慢不一，所以使用同一類盆器，更能掌握澆水的頻率，照顧起來也較方便。

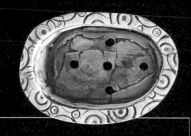

Tip

仙人掌換盆技巧

當仙人掌長到快滿盆時，為了讓植株能繼續生長，此時就應該要換盆了。換盆步驟很簡單，但因為仙人掌大部分有刺，所以換盆時，需要比幫一般植物換盆更小心。

以布或報紙將仙人掌包裹，避免手被尖刺刺到，然後輕敲盆器，使植株與舊的盆器分離，當然也可以戴皮製手套或厚的布手套，來防止被刺到手。

接著將帶土球的植株置於準備好的新容器內，填入新的栽培介質。此外，可以移除部分養分低的根球舊土，讓根部能接觸到養分高的新介質。

水分 仙人掌為耐旱植物，多數人以為仙人掌不喜歡水，但實際上仙人掌與其他植物一樣需要水分，該注意的是澆水的量。

除了陽光直射時，何時澆水皆可，因為如果在強光下澆水，落在植株上的水珠會聚光而燒傷植株，正確的澆水方式為將盆器內的介質一次澆透，4 至 7 天後或待介質乾燥後再次澆水，高手只需目視或試試重量就能推測是否需要澆水。此外，澆水頻率也須依天氣狀況而定，如果是雨季或陰雨天就需要拉長澆水的間隔天數，但若是艷陽高照的大晴天，則需增加澆水頻率，而栽於室內者的澆水頻率則要低於栽於戶外者，因為室內沒有風吹跟陽光，水分蒸發較慢。

Tip

如何判斷是否該澆水了

以細的木棒插入栽培介質一會兒，拔出觀察，若木棒未潮濕就需要澆水，若木棒看起來有潮濕，則表示介質尚有足夠的水分而不用澆水，且需要讓植株經歷些乾燥期，不要澆太多水。

溫度 仙人掌大多數的原生地為沙漠，白天很熱，夜晚極冷，所以能忍受溫度的極端變化，性喜高溫、乾燥，在冬季休眠。栽培於高溫多濕的地方，仙人掌能終年生長，唯需要注意給水。

仙人掌大部分均能在 28-34℃ 的溫室中生長良好，雖然沒有文獻紀錄顯示仙人掌能忍受的最高溫為多少，但只要不接受太陽直射，仙人掌在高達 44℃ 的溫室中仍能生存。

光線 仙人掌喜歡陽光，每天日照最少 6-8 小時，但並非指烈日直曬，而是要遮陰 30-40%，若沒有可搭建遮陰網的溫室，則應讓仙人掌於早上跟下午接受較不強的陽光。仙人掌在充足的光照下較不易徒長，株型展現愈佳，若環境光線不足，則易徒長；但若接受全日照或光線過強，仙人掌容易曬傷、表皮皺縮。

肥料 多數種植仙人掌的人會選用化學肥料，可將緩效型肥料灑佈於植株四周或於一開始拌入栽培介質中；又或者使用水溶性肥料，每兩週葉面噴施一次，優點是容易取得，還可以選用符合需求的肥料。當然也可以使用有機肥，但使用的人較少，因為有機肥有衛生及病蟲害方面的疑慮。

經常給仙人掌施肥，有利於仙人掌生長，使全株的新舊刺表現均一，植株外觀健康緊實，花期來臨時順利開花。重點是肥料稀釋比例要比建議比例再薄一倍，如果施肥過多，氮肥過多之下，植株細胞生長過快，會使植株開裂，不僅影響美觀，也容易感染病原菌。

岩牡丹屬 (*Ariocarpus*) 仙人掌於氣溫冷涼時開花；在泰國的花期一年只有一次，例如右圖的龍舌牡丹 (*Ariocarpus agavoides*) 等。

若想把仙人掌栽好，就必須要建造一個正式獨立的溫室，因為仙人掌不像其他植物能接受日曬雨淋，所以對栽培仙人掌而言，栽培溫室的重要性不亞於栽培介質跟正確的栽種方法，投資一棟好的溫室，不僅能節省成本，長期下來還能減少照顧仙人掌的時間。

溫室有多種類型，包括密閉型溫室，例如玻璃溫室或完全氣密之溫室；另一種為可一直與外界通氣的開放型溫室，可以依據環境選擇適合的溫室類型，溫室栽培不僅能控制仙人掌的生長環境，還能防治許多常危害仙人掌的動物，例如老鼠、鳥類、昆蟲等，也能避免因氣候引起的傳染性病害，例如銹病或猝倒病。

溫室外觀根據地點、設計有多種樣式，但最重要的是「選址」，好的溫室需要全天有光照，例如蓋在室外或屋頂，如此仙人掌才能享受陽光。不論使用何種「床架」，要離地一定的距離以利空氣循環流通。溫室上方要裝設黑網或遮光網，降低光線強度，避免仙人掌因光線過強而日燒，而在溫室頂部則以透明塑膠布或透明浪板防雨。

開放型溫室

密閉型溫室

仙人掌的病蟲害

仙人掌受病蟲害侵害初期症狀不明顯，當被發現時症狀往往都已經很嚴重了，所以預防勝於治療。許多育苗場會定期噴藥防治病蟲害，發現病株時會將其隔離，避免病害繼續傳播擴散。最常見的病蟲害如下：

腐爛 (Rot)： 雨季時常發生，原因為栽培介質過於緊實、澆水過多或濕度過高，使植株細胞膨大，病原菌容易感染，導致植株變軟、生長停滯，如果嚴重感染，植株會褐化。

應對措施：適量澆水且定期更換栽培介質，可以同時噴佈殺菌劑，若症狀輕微，可以將病株拔起清除介質，把感染部位去除，並施用殺菌劑、停止澆水，將傷口陰乾後再重新定植。

粉介殼蟲 (Mealybug)： 一種容易發現的小昆蟲，身體外觀為白色蓬鬆棉絮狀，常見於莖部及根部，以吸食植株汁液為生，造成植株生長減緩。

應對措施：施用針對吸食性害蟲的農藥，如馬拉松 (Malathion)、大利松 (Diazinon)、除蟲菊精類 (Pyrethroid)，或於一開始種植時在植株四周撒佈含有呋蟲胺 (Dinotefuran) 的藥劑防治。如果粉介殼蟲數量不多，小心去除即可，但要特別注意別漏了藏在植株基部及根部的蟲卵及幼蟲。

盾介殼蟲 (Scale Insect)： 為仙人掌主要的害蟲之一，肉眼可見，外觀為棕色鱗片狀，分布於莖部，以吸食植株汁液為生，繁殖迅速，族群量大時，會導致植株生長停滯，植株扭曲，進一步使株型受損。

應對措施：於一開始種植時在植株四周撒佈藥劑防治。如果盾介殼蟲數量不多，以刷子或木棒輕輕刮除，再施用藥劑防治；若族群量大，則應定期施用馬拉松 (Malathion) 或菸鹼硫酸鹽 (Nicotine sulfate) 以根除盾介殼蟲。

薊馬 (Trips)：體長約 1 毫米，呈黃棕色，以吸食植株汁液為生，會破壞幼嫩的組織及花芽，造成植株上產生白點或褐色的傷疤。

應對措施：以菸鹼硫酸鹽 (Nicotine sulfate) 防治之。

蚜蟲 (Aphids)：體形小，呈深綠色，在莖部幼嫩的各處吸食汁液，使植株生長受阻、株型畸形，且蚜蟲排出的蜜露還會造成煤煙病（或稱為黑煤病），造成植株生長緩慢。

紅蜘蛛 (Red Spider Mites)：體形甚小，但仔細觀察仍可見得，移動速度快，常藏於植株先端的毛狀附屬物內，偷偷的吸食植株汁液，造成植株停滯生長並留下疤痕，好發於高溫環境。

應對措施：施用針對吸食性害蟲的農藥，例如每隔 10 天施用一次馬拉松 (Malathion)。

老鼠 (Rat)：體型大、破壞力強，小型仙人掌容易整株被取食，大型仙人掌則是植株部分遭啃食，如果重要部位沒受破壞，也許還有機會恢復原本美麗的株型，但所需時間要很久。

應對措施：放置捕鼠籠，抓到老鼠後拿去別的地方放生，如果鼠害嚴重，可以考慮以老鼠藥防治。

蝸牛、蛞蝓 (Snails & Slugs)：體型小型至中型，可吃光整株仙人掌，對仙人掌危害大。

應對措施：如發現應立即直接移除，並且持續施用含有聚乙醛 (Metaldehyde) 的餌劑，以防治剛由卵孵化的幼蟲。

學習
如何繁殖仙人掌

Tip
···

· 栽培介質可使用砂質土或者泥炭苔。

· 可以露天播種,也就是播種後不以塑膠袋密封,缺點是種子可能會被鳥類或昆蟲吃掉,使發芽率降低,但仙人掌幼苗會比播於密封塑膠袋內者強健。

· 發芽天數依仙人掌的物種與品種而異,一般 7-15 天內即會發芽。

· 播種繁殖適合想要有強健根系且不急著育成成株的人。種子繁殖的優點是以自然的方式獲得極大量的幼苗,而且有機會獲得突變的個體。

只要依據仙人掌的種類,選擇適合的繁殖方式,仙人掌的繁殖其實很簡單。繁殖仙人掌的方法主要有三種,分別是:

❶播種法 (Seedling):方法是取成熟的果實,將其果肉洗去,蒐集果實內黑色的小種子,將種子陰乾,陰乾後置於陰涼處至少 3-7 天,這樣發芽率會比蒐集洗好的種子後立即播種來得高,步驟如下:

STEP1:在盆器底部放入炭,後填入栽培介質,裝滿後將介質表面整平。

STEP2:將準備好的育苗盆,浸置於殺菌劑大約 5 分鐘,再取出稍微瀝乾(不滴水)。

STEP3:均勻的撒佈準備好的種子。

STEP4:將播種後的育苗盆用塑膠袋密封,使塑膠袋內維持一定的溼度,將育苗盆置於弱光環境。

[幼苗換盆] 當種子發芽 1-2 個月時，即可移植小苗，步驟為：

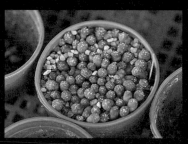

STEP1：選擇強健適合移植的小苗。

STEP2：將幼苗自育苗盆挖起，並且把帶有栽培介質的根系剪去一部分。

STEP3：以鑷子將幼苗夾起，將幼苗插入準備好的栽培介質。

STEP4：註記移植的年、月、日，以及仙人掌的名字。

Tip

·移植後不可立即澆水，移植2天後再噴灑低濃度的殺菌劑，以避免植株腐爛。

·以標籤註明仙人掌名稱及播種日期等資料，這在育種上會很重要，如此未來才有相關紀錄可供查詢。

·做好標籤紀錄的另一個好處是可以知道是否該換栽培介質了。

· 扦插的介質與一般栽培仙人掌的介質相同。

· 扦插後可以將介質澆透，但不可積水，積水會導致插穗腐爛。

· 塗抹紅灰（以石灰、薑黃粉、鹽及水混合製做而成）或鋁粉在母株傷口上，可預防病原菌入侵。另外，取穗後停止給水2天，有助於傷口乾燥。

· 以扦插方式繁殖的優點是植株較大，且性狀跟母株一致，育成時間比播種法短很多。缺點為扦插法只適用於會長子球、分枝的仙人掌，或者莖幹長度長的仙人掌，例如曇花屬 (Epiphyllum)、麗花丸屬 (Lobivia) 或團扇屬 (Opuntia) 等，且根系發育可能較播種繁殖者差。

❷扦插法 (Cutting)：選用需要的子球或枝條作為插穗，將其扦插於栽培介質中，步驟為：

STEP1：取下要繁殖的仙人掌側芽或枝條作為插穗。

STEP2：在插穗傷口處塗上發根劑促進發根後陰乾傷口。

STEP3：將插穗種植於準備好的盆器與介質中。

STEP4：在土表撒上碎石。

STEP5：置於弱光處3-4天且不給水，之後恢復正常給水。

1-2個禮拜後，若植株先端未皺縮乾枯，表示發根順利，當植株恢復生長後便可移置光線較多處。

❸嫁接法 (Grafting)：仙人掌許多物種及品種需要十多年的成長才能開花結果，以嫁接法繁殖可減省一半以上的時間，在短時間內獲得許多植株，而且透過嫁接的仙人掌生長速度較快，所以許多仙人掌屬植物常以嫁接法繁殖。此外，缺乏葉綠素無法行光合作用的仙人掌，例如純色的牡丹玉錦 (緋牡丹)(*Gymnocalycium mihanovichii* 'Hibotan') 或全株呈黃色錦斑變異的仙人掌，適合以嫁接法繁殖。嫁接株可以作為商品販售，或者使無葉綠素仙人掌能順利生長至開花並結出種子。嫁接法不難，技術熟練後，嫁接起來快且成功率也會提高。步驟如下：

STEP1：以消毒乾淨的刀械將砧木平切去頂，將邊角連同刺座削除成斜坡狀，如此可以避免嫁接處積水，也能避免被刺座刺到手。

STEP2；將作為接穗的仙人掌由基部平切。

STEP3：將接穗與砧木的維管束組織互相接合。

STEP4：以棉線或膠帶將接穗與砧木固定密合。

　　1-2 個禮拜後，若接穗開始生長，表示接合處的組織已開始接合，等到確定接穗與砧木完成接合後，即可移除棉線或膠帶。

Tip

· 若以麒麟掌屬 (*Pereskiopsis*) 為砧木嫁接，不需要以膠帶或棉線固定接穗，只要用小塑膠袋罩住即可。

· 作者自己常以三角柱屬 (*Hylocereus*)、龍神木屬 (*Myrtillocactus*) 及麒麟掌屬 (*Pereskiopsis*) 作為砧木，這些屬的仙人掌很強健，且營養供給能力佳。

· 嫁接成功的要點是將砧木與生長緩慢的接穗維管束接合，砧木與接穗的大小不能差太多，如此雙方的維管束大小才會相近，嫁接存活率才高。

· 嫁接 3-5 年後，如果砧木萎縮或接穗明顯生長比砧木大，應更換砧木重新嫁接，避免因砧木支撐力不足，導致嫁接株斷裂造成損失。

· 當接穗生長良好或已達所需的大小，可將接穗切下，扦插於栽培介質使其發根；又或者將砧木截短重新扦插，以維持扦插株株型美觀。

麒麟掌屬 (*Pereskiopsis*) 適合作為剛發芽或植株小的砧木，當接穗長大後再更換適合的砧木，或將接穗扦插於栽培介質，使其發根

適合想育出不一樣仙人掌的人，或想繁殖不長側芽的仙人掌，授粉前須了解以下幾個重點：

❶了解花朵構造：仙人掌的花朵為完全花，有多種花形，像是管狀、漏斗狀及鐘狀，但具相同的花朵構造，具1個白色的花柱，伸出高於雄蕊，但有的比花藥低。然而仙人掌自花授粉不易結實，即使結實，果實內的種子也少，所以仙人掌常以異株授粉。

❷授粉時機：有些仙人掌的花朵只開一天，有些種類根據天氣跟環境壽命為 2-3 天，若遇冷涼及無陽光時，花朵可能閉合不開花或花開較慢。當花朵綻放時即可授粉，但應等 2-3 小時待花朵完全展開，當花藥開裂可見蓬鬆的花粉時，以筆刷輕刷，花粉就會沾黏在筆刷上，若授粉前花朵已閉合，只要閉合時間還沒超過幾個小時，還是能將花朵打開進行授粉。

❸保存花粉的技術：為了保存花粉供以後授粉使用，常用仙人掌親本開花時間不一致時，以保存一星期內的花粉授粉結果最佳。保存花粉步驟如下：

STEP1：以剪刀將成熟的花藥剪下。

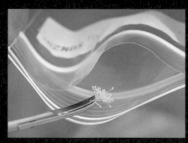

STEP2：將花藥裝於可密封的塑膠管或夾鏈袋以阻絕外界空氣。

STEP3：在塑膠管或夾鏈袋外註明仙人掌名稱、保存的時間，並冷藏於冰箱。

❹授粉技術：同一物種的仙人掌相互授粉結果最佳，而種間雜交或屬間雜交也能受粉成功，屬間雜交需要選擇性狀相似者，雜交成功率才會比較高，選擇好父母本後，就可以開始進行授粉，步驟如下：

STEP1：將成熟的花藥以剪刀取下。

STEP2：將花藥與柱頭觸碰或將其放置於柱頭上，也可用小筆刷刷取花粉後塗抹於柱頭上。

STEP3：標註授粉日期及父母本，並將標牌插在花朵上。

STEP4：若授粉成功，子房會膨大並結果。

・若花藥及柱頭位於花朵深處，可以破壞花朵以利於授粉作業。

・授粉後果實發育至成熟所需時間長，需要好幾個月的時間，果實成熟後會轉色或開裂，此時即可將種子取出洗淨後播種。

Note

香蕉、玫瑰或觀賞鳳梨在國外有協會或社團登錄雜交譜系，但仙人掌除了曇花屬 (*Epiphyllum*) 有 Epiphyllum Society of America 機構可供育種家有系統性的登錄曇花屬的雜交譜系外，至今尚無正式登錄雜交種譜系之機構。

仙人掌的用處

　　仙人掌已知的用途有作為裝飾、商業繁殖銷售，且仙人掌具有又長又尖銳的刺，所以許多地方會用仙人掌作為自然的圍籬，防止外人侵犯進入私人領域。作為圍籬的仙人掌需長得快、耐病蟲害、不需要花太多心思照顧，例如刺梨 (*Opuntia stricta*)、望雲柱 (*Marginatocereus marginatus*)、鷹之巢 (*Eulychnia acida*) 及 *Trichocereus chilensis*，但需要排水性佳的土地才能種植成功。

　　除此之外，仙人掌還有許多用處，例如仙人掌在原生地被當地人當作美食，像是食用仙人掌 (*Opuntia ficus-indica*) 在去除刺後，可作為許多美食佳餚的主要食材，如沙拉、排餐、湯，如果量大的話也可以作為許多動物的食物，例如豬、牛、爬蟲類如陸龜，而某些蜥蜴也食用仙人掌。

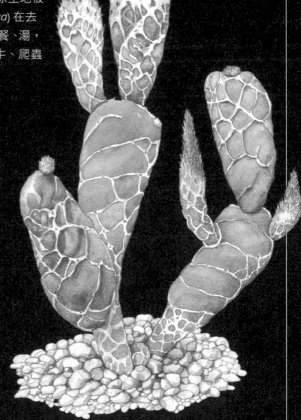

Opuntia ficus-indica 可做為
許多動物的食物。

圓柱仙人掌屬 (*Cylindropuntia*) 許多物種的刺又長又尖，可以沿著圍籬種植，能有效防止外人入侵。

照片拍攝：Dr. Anthony Gill

　　除了莖幹，刺梨 (*Opuntia stricta*) 的果實也能食用，而且味道不錯，甚至在美國有些地方有大型刺梨農場，蒐集其果實來販賣，且不斷改良，育成風味更佳、無籽的品種，後來甚至風靡歐洲，如西班牙某些地區、希臘頗流行將其製作為果醬、果膠或直接鮮食，就連巨人柱 (*Carnegiea gigantea*) 的果實也很符合他們的胃口，而龍神木 (*Myrtillocactus geometrizans*) 的果實在墨西哥也有市場需求。

　　許多人聽到食用仙人掌的果實可能會覺得很奇怪，因為想不出有什麼全身都是刺的植物果實能作為水果，但實際上我們常吃的火龍果 (*Hylocereus undatus hybrid*) 也是屬於仙人掌的一種。

　　許多地方的人類還利用仙人掌作為工具及器具，例如墨西哥人使用一些刺如彎鉤的仙人掌作為魚鉤，例如高砂 (*Mammillaria bocasana*)；祕魯人使用將軍 (*Austrocylindropuntia subulata*) 的刺作為縫衣針超過兩千年。有些仙人掌壽命長且質地結實，可以作為家具的替代木材，例如古拉索 (Curacao) 島上的秘魯天輪柱 (*Cereus repandus*) 和阿根廷的 *Echinopsis atacamensis*，這兩種仙人掌能拿來製作成特色小桌子及椅子，品質一點也不輸給其他材質優良的木頭。

　　除此之外，有些仙人掌則被應用於具有千年歷史的宗教儀式中，例如烏羽玉屬的仙人掌 (*Lophophora* spp.) 具有生物鹼 (alkaloid)，食用後會產生幻覺，所以墨西哥的巫師會在神聖的宗教儀式中拿來使用也不足為奇，而同時烏羽玉屬的生物鹼又能作為多種用藥。相信若認真研究各種仙人掌，肯定能從中發現更多的化學物質或者研發出各種新藥。

仙人掌各論

南美球形仙人掌屬
Acanthocalycium

屬名源自 2 個希臘文，分別是 akantha，意為有刺的，以及 kalyx，意為萼片，指其花朵基部外有刺。有些書會將之併入大棱柱屬（*Echinopsis*）。分布在阿根廷北部海拔 300-3,000 公尺高之地區，常見於空曠的山腳下及排水良好的沙礫灌木區。常以播種繁殖。

形態特徵：莖幹呈現圓球形或扁平形，16-20 棱，棱脊明顯，自然形態為單株生長且不長側枝，刺短且直。花朵由頂部的疣狀突起腋處長出，花呈漏斗形，花被顏色多樣，如粉紅色、白色或紅色，花朵大，於白天開花。果實呈球形，外披覆有刺保護，內有顏色深棕色或黑色之小種子。

Acanthocalycium ferrarii Rausch
原生地：阿根廷

刺萼柱屬
Acanthocereus

屬名源自希臘文 akantha，意思為刺，指其特徵與有尖刺的天輪柱屬 (*Cereus*) 相似；與臥龍柱屬 (*Harrisia*) 及細角柱屬 (*Leptocereus*) 有親緣關係。原生地為熱帶美洲，從佛羅里達州至哥倫比亞，分布於海拔 0-1,200 公尺高之地區。自然環境中常群聚而生，有些種類長大後會依附灌木或石頭攀緣蔓生。

形態特徵：植株中至大，有些種類為蔓生，莖幹綠色，3-5 稜；刺短。花朵著生於刺座，漏斗狀，花色白，花朵開口大，晚上開花。果實呈球形，外披覆有小刺保護，果實成熟後轉為紅色並開裂，內有黑色種子。

五稜角錦
Acanthocereus tetragonus (L.) Hummelinck (variegata)

花鎧柱屬
Armatocereus

屬名源自拉丁文的 arma 及 cereus，指其刺尖，彷若武器般。本屬植物分布於海拔 0-3,300 公尺高之地區，在哥倫比亞、厄瓜多及祕魯約有 10 種。常以播種及扦插繁殖。

形態特徵：植株巨大，莖部為圓柱狀，呈一節一節的型態，株高可超過 12 公尺，會分枝而呈灌木狀，莖幹呈綠色或灰白色，稜脊明顯，尖刺筆直。花朵著生於刺座，管狀，花瓣白色或白中帶點淡紅色，花朵外帶有刺，於夜間開花，夏季為主要花期。果實呈圓形或卵形，外有刺。種子為棕色橢圓形。

花鎧柱屬
Armatocereus sp.

岩牡丹屬
Ariocarpus

屬名中的 aria，意指的白面子樹 (*Sorbus aria*) 的果實，而 carpus 則指果實。主要分布在墨西哥，有些分布於美國德克薩斯州，目前發現至少有 6 個種以及數個亞種。

本屬仙人掌的原生地為石灰岩地質，植株埋藏於地下，只有如葉狀的疣狀突起先端露出地表，接受外界環境及陽光，所以又有人暱稱之為「有生命的石頭」。好光、性喜冷涼，在泰國主要的開花期為年底至隔年年初，尤其是天氣特別冷涼的時候更容易開花，花朵壽命約 1-2 天，若天氣不熱，花朵可開得更久。栽培介質需透氣、排水佳。

形態特徵：地下部有貯藏養分的肥大主根系，而地上部露出的疣狀突起則負責行光合作用。疣狀突起形狀特化成像是由莖長出肥肥短短的葉片。不易長側芽，以播種繁殖為主。花朵著生於植株先端，花色多樣，如白色、淡黃色、粉紅色。果實埋藏於毛狀附屬物中，當成熟時則會突出外露，內有大量黑色小小的種子。

龍舌牡丹
Ariocarpus agavoides (Castañeda) E.S.Anderson

原生地：墨西哥

本種的特色是朝天的長長的疣狀突起，若不仔細看，會誤以為是細長的葉片，不像其他物種的疣狀突起短而肥大。

疣狀突起的末端具小刺，且有白色毛狀附屬物。在野外，具有肥大的地下部以貯藏養分，而外露的疣狀突起則負責行光合作用。花朵為粉紅色，傍晚開花。當植株完全成熟、體型夠大後，疣狀突起基部脆弱處容易裂開。

龍舌牡丹錦
A. agavoides (variegated)

欣頓龜甲牡丹
A. bravoanus subsp. *hintonii* (Stuppy & N.P.Taylor)
原生地：墨西哥

勃氏牡丹
A. bravoanus H.M.Hern.
& E.F.Anderson
原生地：墨西哥

勃氏牡丹錦
A. bravoanus (variegated)

欣頓龜甲牡丹錦
A. bravoanus subsp. *hintonii*
(variegated)

龜甲牡丹
A. fissuratus (Engelm.) K.Schum.
原生地：墨西哥

龜甲連山
原學名 *A. fissuratus* subsp. *lloydii* (Rose)
U. Guzmán，現更名為 *A. fissuratus* 'Lloydii'
原生地：墨西哥

龜甲連山
A. fissuratus 'Lloydii'

龜甲連山錦
A. fissuratus 'Lloydii' (variegated)

酷斯拉牡丹
Ariocarpus ʻGodzillaʼ

酷斯拉牡丹 × 花椰菜岩牡丹
Ariocarpus ʻGodzillaʼ × *A. retusus* ʻCauliflowerʼ

酷斯拉牡丹 × 花椰菜岩牡丹錦
Ariocarpus ʻGodzillaʼ × *A. retusus* ʻCauliflowerʼ
(variegated)

酷斯拉牡丹錦
Ariocarpus 'Godzilla' (variegated)

龜甲牡丹 × 岩牡丹
A. fissuratus × *A. retusus*

黑牡丹

A. kotschoubeyanus (Lem.) K.Schum.
原生地：墨西哥

　　世界上最小岩牡丹屬仙人掌物種，原生地植株埋藏於乾涸的泥地中，露出地表的部分混藏於石礫中，所以很難被發現其蹤跡，被發現通常是因花季時開著粉紅色的花朵。

　　黑牡丹最初在墨西哥北部被發現，問世至今已有百年的歷史。起初 Baron Wilhelm Friedrich von Karwinsky 僅蒐集到 3 株，一株種植於聖彼得堡植物園，一株獻給 Kotschoubey 王子，最後一株則以高達 1,000 琺瑯的高價賣出，在西元 1832 年那個年代價值相當於等重的黃金。最初黑牡丹學名為 *Anhalonium kotschoubeyanus*，後來才被分在岩牡丹屬（*Ariocarpus*）。

　　目前為瀕臨絕種的物種，因為原生地遭受破壞、黑市走私販賣，且在原生地也是地住民的重要藥草之一，經研究發現黑牡丹具有大麥芽鹼（Hordenine）及 N- 甲基酪胺（N-Methyltyramine），可以促進消化作用，有文獻紀錄指出美洲原住民會以黑牡丹的黏液來黏合碎裂的陶盆。

黑牡丹

A. kotschoubeyanus (Lem.) K.Schum.

黑牡丹錦 + 石化
A. kotschoubeyanus
(monstrose & variegated)

黑牡丹錦 + 石化
A. kotschoubeyanus
(monstrose & variegated)

黑牡丹綴化
A. kotschoubeyanus (cristata)

黑牡丹錦
A. kotschoubeyanus (variegated)

象足黑牡丹
A. kotschoubeyanus
'Elephantidens'

姬牡丹
A. kotschoubeyanus 'Macdowellii'

黑牡丹 × 連山
A. kotschoubeyanus ×
A. fissuratus subsp. *lloydii*

黑牡丹雜交種
A. kotschoubeyanus hybrid

黑牡丹雜交種錦斑
A. kotschoubeyanus hybrid
(variegated)

岩牡丹
A. retusus Scheidw.
原生地：墨西哥

岩牡丹綴化
A. retusus (cristata)
原生地：墨西哥

花椰菜岩牡丹
A. retusus 'Cauliflower'

第一株在野地發現的個體由日本人買下作為育種材料，最後選育出現今所見的栽培品系。植株苗期時的疣狀突起平滑，瘤狀物及皺褶隨植株長大而漸增，每株的形態不盡相同。

玉岩牡丹
A. retusus 'Frumdosus'

玉岩牡丹錦
A. retusus 'Frumdosus' (variegated)

三角牡丹

A. retusus subsp. *trigonus* (F.A.C.Weber)
E.F.Anderson & W.A.Fitz Maur.
原生地：墨西哥

舊名為 *A. trigonus*，現今被歸類為
A. retusus 下的亞種。

三角牡丹錦
A. retusus subsp. *trigonus* (variegated)

A. retusus 'Mituibo' (trifingers)

花椰菜岩牡丹 × 龜甲連山
A. retusus 'Cauliflower' ×
A. fissuratus 'Lloydii'

龍角牡丹雜交種
A. scaphirostris hybrid

龍角牡丹
A. scaphirostris Boed.
原生地：墨西哥

猩冠柱屬
Arrojadoa

　　據說本屬植物所開的花是仙人掌裡面最美麗的，雖易栽培，但非廣為人知。小花柱屬 (Micranthocereus) 曾被併入本屬，後來小花柱屬又再次恢復為獨立的一屬。本屬屬名是為紀念西元 20 世紀初在巴西發現本屬的 Miguel Arrojado Lisboa，至今已發現至少有 6 個物種，本屬僅原生於巴西的岩石地區。

　　形態特徵：植株中等，呈淡綠色。刺小而尖銳，新刺朝向上方，隨年齡增加而逐漸下垂。經常開花，管狀花著生於植株先端，花色多樣，如黃色、粉紅色、紅色，花朵壽命 2-3 天。果實呈圓形或橢圓形。種子為黑色。

A. marylaniae Soares
Filho & M.Machudo
原生地：巴西

Arrojadoa bahiensis
(P.J.Braun & Esteves)
N.P.Taylor & Eggli
原生地：巴西

星球屬
Astrophytum

屬名由 2 個希臘文組成，astro 意思為星星，而 phyton 則為植物，合在一起就是「星辰般的植物」，指本屬外觀花紋如同天上眾多的星辰。原先本屬依據外觀毛狀鱗片花紋的不同，分成許多種及亞種，但現在合併為只剩 6 個種。經過百年的人為栽培及育種，產生了許多外觀怪異以及比原種更美的雜交後代，使本屬成為仙人掌裡永遠不會退流行的一屬。

本屬分布於墨西哥及美國西南部的乾燥地區，易栽培且易開花，只是生長緩慢，長至成株可開花的時間久。在原生環境中僅靠種子繁殖，但也可以胴切 (去除頂芽) 促進側芽發育，或者利用嫁接縮短幼苗期。

形態特徵：株形多為圓形或圓柱狀，僅有一物種的圓柱狀短縮莖埋藏於地下，地上部為外形若長條圓柱狀葉片的疣狀突起。本屬仙人掌均不易長側芽，除非生長點受傷或遭受破壞，原生長停滯的側芽才會萌動。本屬有的物種全株有刺，有的則全株無刺。花朵大，黃色，多數著生於植株先端。為仙人掌裡最受歡迎的一屬，廣受玩家育種，產生許多完全不同於原生種的株形與花紋，也育成許多新花色，如灰玫紅色、粉紅色、白色及紅色等。

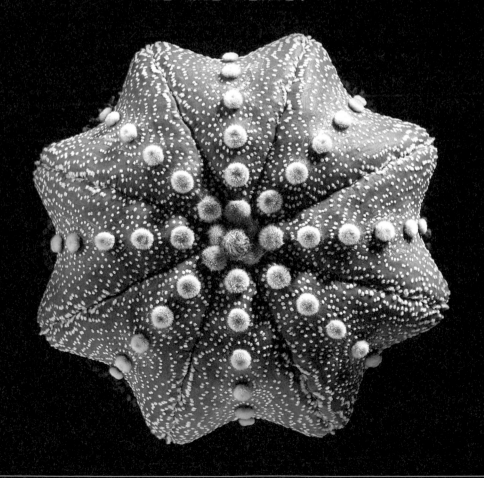

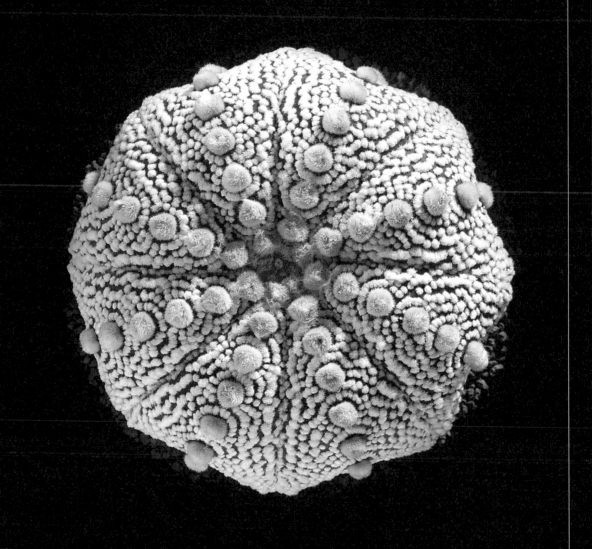

兜
Astrophytum asterias (Zucc.) Lem.
原生地：美國及墨西哥

　　單幹，除非頂芽受破壞或特殊的異變個體，否則不易長側芽。植株呈扁圓形，株高較其他星球屬植物低矮，植株表皮光滑，綠色，成株後無刺，刺座僅剩白色的毛狀附屬物，形成不同的花紋。花朵大，原本花色只有黃色，後來成功育出不同花色，於白天開花，花朵壽命約 1-3 天。

　　本種深受大眾喜愛已久，育種歷史超過百年，育成許多原生種沒有的性狀。因為外觀像沙錢海膽 (Sand Dollar)，所以又被稱為 Sand Dollar Cactus。而日本稱其為兜 (Kabuto)，指其從正上方看去，若日本戰國時期武士的頭盔，然後再依據主要性狀分類以日文命名之。本種各種特殊性狀都非常受大家喜愛，如像是莖表具白色 V 形的毛狀鱗片，或者完全無毛狀鱗片的兜。

　　另外，兜的個體在同一植株身上，能同時存在好幾種特殊性狀。目前尚未規定性狀名稱的排序規則，所以書中收錄的兜，僅就挑出代表性的性狀作為說明介紹。

兜綴化
A. asterias (cristata)

兜錦 + 綴化
A. *asterias* (cristata & variegated)

兜石化
A. asterias (monstrose)

兜錦 + 石化
A. *asterias* (monstrose & variegated)

兜錦
A. asterias (variegated)

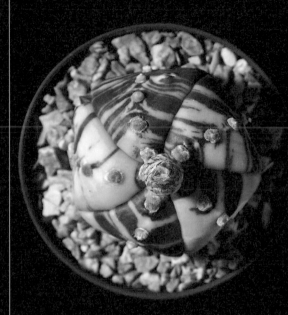

複稜兜
A. asterias 'Fukuryo'

複稜兜錦
A. asterias 'Fukuryo'
(variegated)

本品種的特徵是具有較小的副稜穿插於較大的主稜之間，
許多人會誤以為本品種為 'Fukuryu'，'Fukuryu' 是鸞鳳玉 (*A. myriostigma*) 外表皺褶的品種。

龜甲兜

A. asterias 'Kikko'

本品種的刺座沿稜脊突起，使疣狀突起上有一條條的橫溝性狀，如同龜甲般的花紋。

龜甲兜錦

A. asterias 'Kikko' (variegated)

花園兜

A. asterias 'Hanazono'

Hanazono 的意思為花園，
指其在原本無花芽處亦具有花芽，
可開出比其他種兜更多的花。

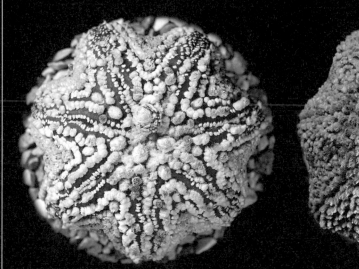

切跡兜

A. asterias 'Ekubo'

Ekubo 的意思為酒窩，指其在刺座附近
有條紋狀凹陷痕跡。

奇蹟兜
A. asterias 'Miracle'

第一株被命名為'Miracle'的兜，是植株基部向莖幹凹陷，使外觀像海星的野生株。

本品系在日本已經紅了有 30 多年之久，價格可以高達千萬日元，因此許多人認為奇蹟兜的特色就是價格高、形狀像海星。

然而實際上，日本人是依據植株上的白色毛狀鱗片花紋來歸類，奇蹟兜的花紋像櫻花或和紙，且外觀不像超兜具有蓬鬆凸起的毛狀附屬物。

所以奇蹟兜的毛狀附屬物花紋是較其他兜多，且均勻的排列分布於植株上，或者毛狀附屬物花紋會隨株齡增加而愈來愈明顯。

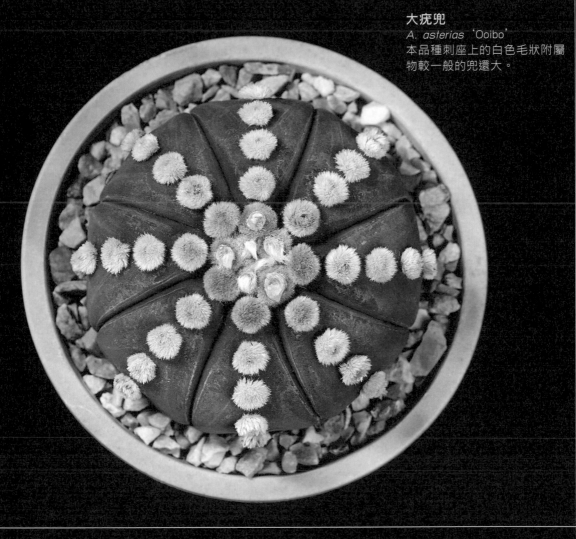

大疣兜
A. asterias 'Ooibo'
本品種刺座上的白色毛狀附屬物較一般的兜還大。

連星兜
A. asterias 'Rensei'
Rensei 的意思是意指連星 (星星相連)，形容其刺座緊鄰成串。

A. asterias 'Snow'

Snow 是指植株幾乎完全被白色的毛狀鱗片
或羽毛狀絨毛所覆蓋。

超兜

A. asterias 'Super Kabuto'

本品系的特別性狀大約是在
西元 1981 年時所選育出，其
疣狀突起上的白色毛狀鱗片
較一般的兜多且顯眼，直至
今日仍不斷育出新的品系。

V 字兜

A. asterias 'V-Type'

V-Type 指莖表白色毛狀鱗片花紋
為獨特的 V 字形狀，在玩家中極
受歡迎，尤其是毛狀鱗片平整、
無白色雜斑的個體，稱之為 'V-
Nudum'。

V 字兜錦

A. asterias 'V-Type' (variegated)

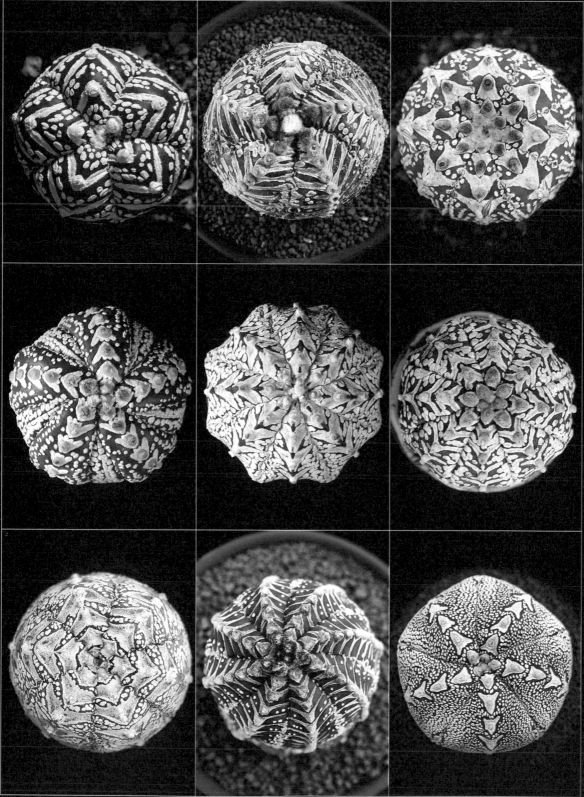

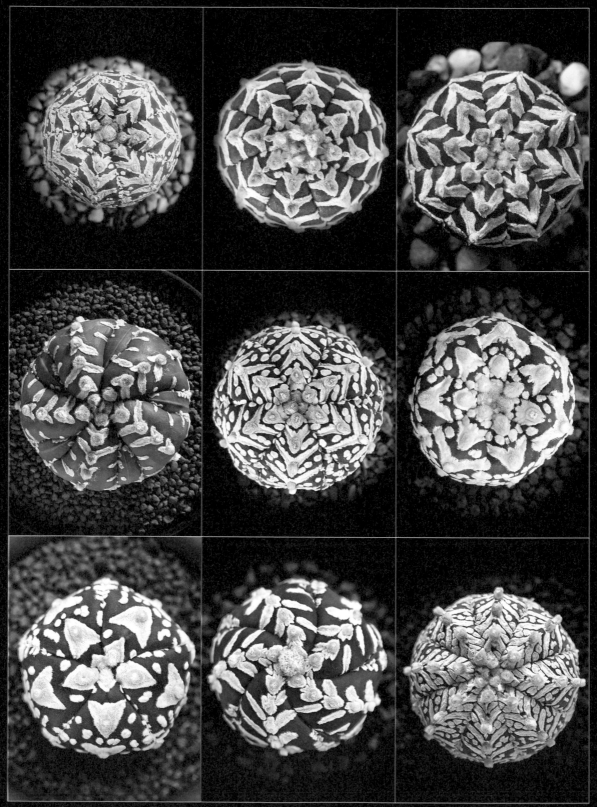

兜的各種花

黃色花	淡粉紅色花	雙色花
橘色花	粉紅色花	紅色羽狀花
粉紅昭和花	黃昭和花	黃色羽狀花

瑞鳳玉

A. capricorne (A.Dietr.) Britton & Rose
原生地：墨西哥

單幹，有稜脊，成株高度可超過 60 公分。刺扁平、黑色、彎曲狀，不同個體刺的厚薄不一。花朵大，色鮮黃，著生於植株先端或近先端之刺座之上。果實幼果期無刺，爾後隨果實發育逐漸長出刺。原先瑞鳳玉刺薄，經過日本育種家努力，育出如今刺又大又厚的品系。除上述的性狀外，以前還依據其他諸多性狀，將瑞鳳玉再劃分出 *A. capricorne* subsp. *senile* (Fric) Doweld 及 *A. capricorne* var. *crassispinum* (H.Moeller) Okum.，如今此兩種已歸類為瑞鳳玉的異名。

瑞鳳玉錦
A. capricorne (variegated)

瑞鳳玉綴化
A. capricorne (cristata)

瑞鳳玉石化
A. capricorne (monstrose)

白瑞鳳玉
A. capricorne 'Niveum'

瑞鳳玉
A. capricorne subsp. *senile* (Fric) Doweld

水牛大鳳玉
A. capricorne 'Suigyu Taihogyoku'

瑞鳳玉
A. capricorne var. *crassispinum* (H.Moeller) Okum.

梅杜莎

A. caput-medusae D.R.Hunt

原生地：墨西哥

外觀十分詭異，於西元 2001 年 8 月底被發現，一開始被歸類為魔頭玉屬 (*Digitostigma*)，後來才被歸類為星球屬 (*Astrophytum*)。

形態特徵：莖短縮，藏於地下，主根肥大。疣狀突起演化為放射棍棒狀，外覆銀白色鱗片狀附屬物。花朵大，鮮黃色，花朵中心為紅色，著生於疣狀突起末端。種子較其他仙人掌大。

鸞鳳玉
A. myriostigma Lem.
原生地：墨西哥

別名教主的帽子 (Bishop's Cap)，
西元 1837 年由法國人所發現後帶
回歐洲，並於 2 年後第一次開花。
鸞鳳玉植株高、稜脊明顯、表皮
披覆白色鱗片，目前育種趨勢為
育成矮性、株形圓潤及不同表皮
性狀的品系，例如表皮綠色且不
具鱗片的琉璃鸞鳳玉 'Nudum'，
或者表皮皺褶的複隆鸞鳳玉
'Fukuryu'。鸞鳳玉不長側芽，以
播種繁殖。

此外，還有早期被命名為 *A.
coahuilense* 者，其全株密布毛狀
附屬物，目前則併入本屬。

A. coahuilense

A. coahuilense 'KIKKO'

A. coahuilense 'KIKKO'
(variegated)

鸞鳳玉錦
A. myriostigma (variegated)

鸞鳳玉綴化
A. myriostigma (cristata)

紅葉鸞鳳玉
A. myriostigma 'Koh-yo'

'Koh-yo' 的意思是葉色轉紅，指紅葉鸞鳳玉具有橘色、紅色、黃色或者粉紅色的錦斑性狀，愈靠近植株先端，錦斑面積愈大，且冬季低溫下，錦斑顏色會變得較為鮮艷，而夏季時錦斑顏色則會變淡。在泰國紅色錦斑的個體俗稱 cv. Red，而黃色錦斑個體被稱為 cv. Yellow。

大型的鸞鳳玉
原學名為 *A. myriostigma* var. *strongylogonum* Backeb.

白條鸞鳳玉
A. myriostigma 'Hakujo'

'Hakujo' 意指稜脊上具白色長條帶性狀。

A. myriostigma 'Huboki'

鸞鳳玉石化
A. myriostigma (monstrose)

A. myriostigma 'Lotusland'

複隆鸞鳳玉

A. myriostigma 'Fukuryu'

複隆鸞鳳玉表皮及稜脊呈皺褶狀，每株個體的外觀均不同，幼株時期表皮皺褶不明顯，隨植株長大，疣狀突起會加速皺褶，當植株夠大時才會開花。

有些文獻顯示 Nobuo Kawamoto 在西元 1993 年，從鸞鳳玉實生苗中發現了性狀特異的子代，並從中選出表皮不平整的個體，以之為親本進行授粉，但子代容易於發芽後 2-3 年死亡，後來有人以之與般若 (*A. ornatum*) 進行種間雜交，種間雜交子代才夠強健並順利長大，經過多次與般若回交，育出易栽培的子代，然後再與 *A. myriostigma* 回交，最終育成如今所見無刺的複隆鸞鳳玉。

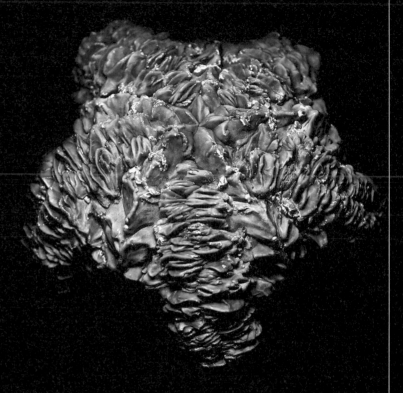

複隆鸞鳳玉綴化

A. myriostigma 'Fukuryu' (cristata)

複隆鸞鳳玉錦
A. myriostigma 'Fukuryu' (variegated)

A. myriostigma 'Yoroi Kikko Hekiran'

龜甲鸞鳳玉
A. myriostigma 'Kikko'

Kikko 為日文龜甲的意思，仙人掌玩家稱疣狀突起之刺座上下方內凹成溝，一層一層堆疊，形成鋸齒狀者為龜甲鸞鳳玉。龜甲鸞鳳玉植株顏色有純綠色的 nudum 類、白色或其他錦斑變化，現在有人育成各種奇怪的龜甲性狀，例如鋸齒朝上彎、朝下彎或是筆直輻射狀等等的變異品系。

龜甲鸞鳳玉錦
A. myriostigma 'Kikko' (variegated)

恩塚鸞鳳玉

A. myriostigma 'Onzuka'

由日本人 Tsutomu Onzuka 選育出。最初在風靡全球之前，植株滿布白色四邊形花紋的鸞鳳玉被稱為 Onzuka。

三角鸞鳳玉錦
A. myriostigma 'Tricostatum' (variegated)

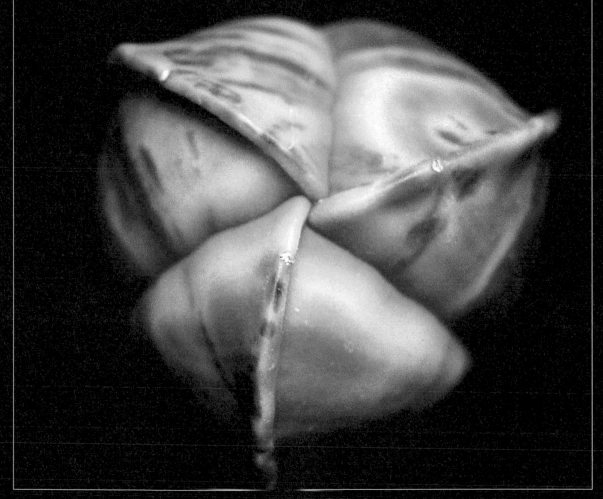

恩塚鸞鳳玉×般若 綴化
A. myriostigma 'Onzuka' × *A. ornatum* (cristata)

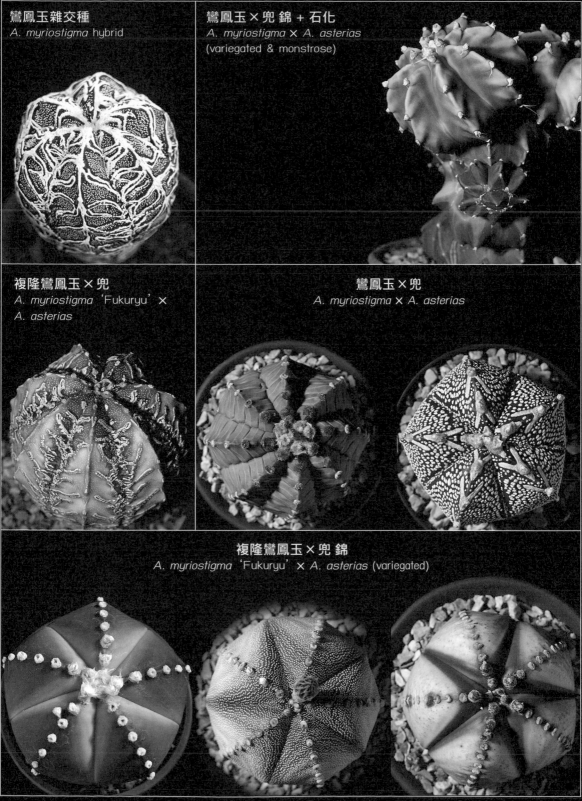

鸞鳳玉雜交種
A. myriostigma hybrid

鸞鳳玉×兜 錦 + 石化
A. myriostigma × *A. asterias*
(variegated & monstrose)

複隆鸞鳳玉×兜
A. myriostigma 'Fukuryu' ×
A. asterias

鸞鳳玉×兜
A. myriostigma × *A. asterias*

複隆鸞鳳玉×兜 錦
A. myriostigma 'Fukuryu' × *A. asterias* (variegated)

般若

A. ornatum (DC.) Britton & Rose

原生地：墨西哥

星球屬植物裡體型最大的仙人掌，株高可超過 1 公尺，壽命長，生長至開始開花需要更長的時間，所以並不受大眾喜愛，後來才選育出具皺褶表皮及白色稜脊的變異品系，但這些與原種外觀不同的特殊品系，其單價也比一般的般若來得高。

般若綴化

A. ornatum (cristata)

原學名為 A. ornatum var. mirbelii (Lem.) Fric，後來才併入 A. ornatum。

般若錦
A. ornatum (variegated)

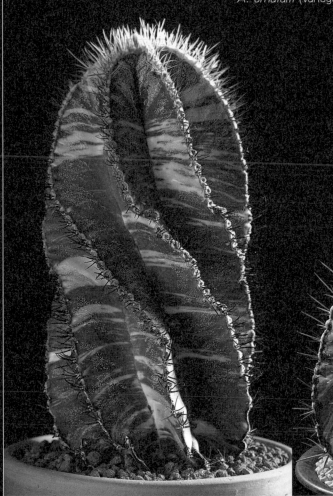

琉璃般若
A. ornatum 'Fukuryu'

般若雜交種
A. ornatum hybrid

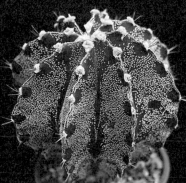

般若×瑞鳳玉
A. ornatum × *A. capricorne*

圓筒仙人掌屬
Austrocylindropuntia

　　本屬屬名意思為南美洲的圓柱仙人掌屬 (*Cylindropuntia*)，因為本屬仙人掌外觀與原生於北美洲的圓柱仙人掌屬很相似，但本屬原生地分布於阿根廷、玻利維亞、祕魯、厄瓜多，可見於海拔 1,500-4,550 公尺高之全日照空曠地。常以扦插繁殖。

　　形態特徵：莖單幹，上端分枝呈群生姿態，或植株呈中等叢生狀姿態，莖會分枝為本屬特徵。刺座披覆著毛狀附屬物，針狀尖刺，平滑且硬。花朵大，有黃色、粉紅色或紅色。果實梨形、厚皮。種子大，深黃色。

翁團扇綴化
Austrocylindropuntia vesitita (cristata)

蛇鱗柱綴化
A. cylindrica (cristata)

高遠
A. lagopus (K.Schum.) I.Crook, J.Arnold
& M.Lowry
原生地：祕魯、玻利維亞

花籠屬
Aztekium

西元 1928 年 Friedrich Ritter 在墨西哥的新萊昂州 (Nuevo León) 發現一種全新的仙人掌，後來根據其外觀皺褶紋路與曾統治該原生地的阿茲特克 (Aztec) 帝國雕飾品相似，而被命名為花籠屬 (*Aztekium*) 仙人掌。

本屬第一個物種為花籠 (*A. ritteri*)，種名 *ritteri* 是為紀念花籠的發現者 Friedrich Ritter，當時一大家直以為花籠屬只有花籠一種仙人掌，直到西元 1991 年才發現第二個物種欣頓花籠 (*A. hintonii*)，而西元 2013 年發表紅籠 (*A. valdesii*) 為本屬第三個物種。

本屬的每個物種植株均不大且生長緩慢，僅原生於石灰地質的峭壁，如果不仔細觀察，很容易就被忽視，所以本屬新物種的發現速度頗慢。

形態特徵：植株呈扁圓形。植株尚小時不長子球，長大後才開始長側芽，且需要生長好幾年才會開花。植株先端有細小的毛狀附屬物，有些物種稜脊上也有毛。大部分的物種沒有刺，或者刺很小。表皮粗糙或有明顯的橫向紋路，綠色至灰綠色。花朵小，白色或洋紅色，著生於植株先端處，於白天開花。

欣頓花籠
Aztekium hintonii Glass &
W.A.Fitz Maur.

花籠
A. ritteri (Boed.) Boed.

花籠綴化
A. ritteri (cristata)

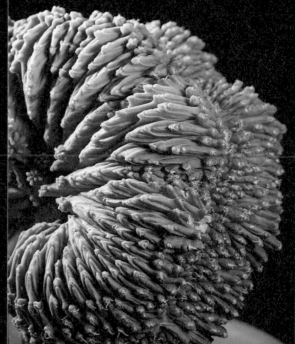

紅籠
A. valdezii Velazco, M.A.Alvarado & S.Arias

種名是為紀念發現者 Mario Valdez Maroquin，現今
市面上看到的個體都是從原生地走私的植株後代，
起初每株售價高達 500 歐元。本種植株長得很慢，
花朵為洋紅色。

松露玉屬
Blossfeldia

若要評比植株最小的仙人掌，本屬一定榜上有名，因為本屬成熟植株每球不超過 15 公厘。松露玉屬植物原生於阿根廷及玻利維亞海拔 1,000-3,500 公尺高之岩縫中，屬名是為紀念第一位發現本屬物種的 Harry Blossfeld Junior，後來雖然有人發現更多新的物種，但最終這些新物種都歸類為同一物種，也就是松露玉 (*B. liliputiana*)。

形態特徵：植株圓形。刺小。幼年期不長子球，隨植株發育、養分累積後，開始由側邊長出子球而呈群生姿態。花朵極小，白色，同時開花呈簇狀，果實成熟時為橘色，內有少量極小的黑色種子。

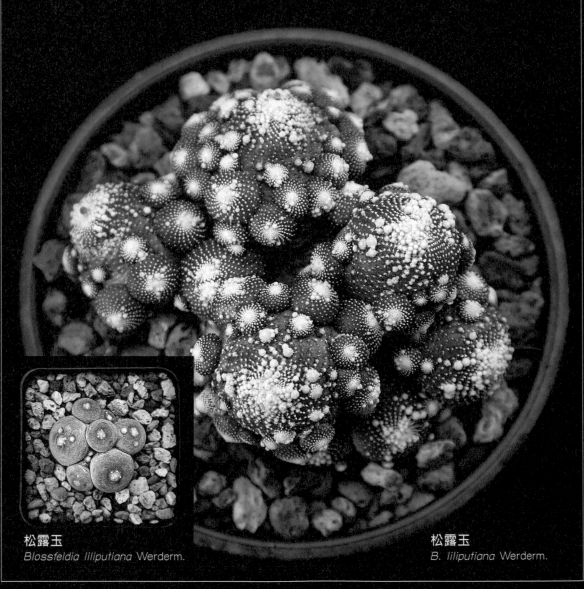

松露玉
Blossfeldia liliputiana Werderm.

松露玉
B. liliputiana Werderm.

巨人柱屬
Carnegiea

屬名是為紀念美國鉅富 Andrew Carnegie，本屬只有巨人柱（*C. gigantea*）一種仙人掌。原生地住民很早就認識巨人柱並稱其為 Saguaro，原生地住民常拿巨人柱作為圍籬的重要材料、果實製酒，而其他部位可作為藥草及作為宗教儀式中的禮器。巨人柱生長很緩慢，但壽命可達百餘年，雖然在原生地族群數量眾多，但因為被大量砍伐利用，所以數量逐漸減少。

形態特徵：植株十分高大，株高可達 13 公尺，直徑超過 65 公分，莖幹綠色。花朵大，白色，於夜間開花，壽命僅一天，隔日上午閉合。果實綠色，成熟時轉為深紅色，內有超過 2,000 多顆種子。

巨人柱
Carnegiea gigantea (Engelm.)
Britton & Rose
原生地：美國及墨西哥

巨人柱綴化
C. gigantea (cristata)

翁柱屬
Cephalocereus

屬名源自希臘文 cephale，意指莖上的偽花座 (pseudocephalium)。主要分布於墨西哥海拔 1,000-1,850 公尺高之地區，生存於多種不同的環境。本屬有 5 個物種，壽命長，有些物種幼年期超過 50 年之久，幼年株常作為觀賞作物，但長大後植株非常高大。

形態特徵：植株高大，單幹或由基部分支，稜脊及刺座有毛狀附屬物。花朵直徑 6-8 公分，白黃色或淡粉紅色，花朵著生於植株側邊的偽花座，而非位於植株先端的真正花座，夜間開花。

老翁柱
Cephalocereus senilis (Haw.) Pfeiff.
原生地：墨西哥東部

老翁柱為西元 1824 年發現並記錄發表，但早在這之前，已有人採集並送至歐洲販售。植株為柱狀，可高達 15 公尺。莖幹綠色，披覆著白色長毛，所以俗名為 Old Man Cactus。因老翁柱幼年期長，為維持未來自然族群的數量，在原生地受法律保護禁止走私出口幼苗。

天輪柱屬
Cereus

為仙人掌科裡最早發現並命名的一屬，本屬命名時間大約在西元 1625 年，命名時間還在提出植物命名系統「二名法」的卡爾‧林奈(Carl Linnaeus) 出生之前。屬名 cera 為拉丁文，意思是蠟燭，形容其植株幼苗時期狀如一根根的蠟燭。原生於南美洲阿根廷、玻利維亞、巴西及巴拉圭等地，有多種不同的原生環境，分布高度從海拔 0 到超過 3,200 公尺，但主要生長於全日照之空曠地。本屬具特殊性狀的品系為受歡迎的觀賞植物，而普通的天輪柱屬仙人掌者則不流行栽培，但常作為嫁接其他仙人掌的砧木。

　　形態特徵：植株巨大，株高可達 12 公尺，莖幹堅韌，莖幹分支呈群生姿態，3-14 稜，刺尖。花朵大，白色，於夜間開花，有些物種的花具有香味。果實呈圓形或橢圓形，成熟時顏色有綠色、紅色或者藍灰色等，內有黑色之大粒種子。

富氏天輪柱
Cereus forbesii C.F.Först. 'Ming Thing'

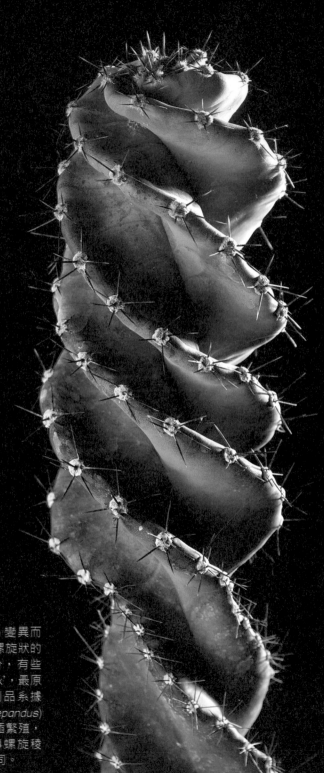

富氏天輪柱「螺旋」
C. forbesii 'Spiralis'

由富氏天輪柱 (*C. forbesii*) 變異而得，最主要的特徵是具有螺旋狀的稜脊，有左旋及右旋之分，有些地方稱其為 *Cereus* 'Vortex'，最原始的品系為短刺，而長刺品系據說是與秘魯天輪柱 (*C. repandus*) 雜交所育成。以播種或扦插繁殖，播種繁殖之子代仍會遺傳螺旋稜脊的性狀，扦插繁殖者亦同。

牙買加天輪柱
C. jamacaru DC.
原生地：巴西東北部

植株巨大，莖幹分支呈叢，株高可達 5 公尺，很久以前就已引進泰國栽種。花朵大，白色，黃昏開花，於午夜後完全綻放，散發淡淡香氣吸引昆蟲幫忙授粉，花朵隔日上午即凋謝。

牙買加天輪柱綴化
C. jamacaru (cristata)

神仙堡

Cereus sp. 'Fairy Castle'

鍾叔叔的小屋（Uncle Chorn's Cabin）為第一個引進
本品種的栽培園，至今已有幾十年的歷史。

本品種原學名為 *C. peruvianus*，中文為秘魯天輪柱
或別稱為六角柱，現今學名變更為 *C. repandus*。又
因為本品種有許多位引種者，導致至今學名混亂，
有人認為神仙堡其實應是 *C. hildmannianus* subsp.
uruguayanus，因為市面所販售之植株為栽植於盆器
的小苗，並非成株後高大的形態，所以神仙堡究竟是
哪一個物種仍眾說紛紜。

神仙堡錦

Cereus sp. 'Fairy Castle'
(variegated)

神仙堡綴化

Cereus sp. 'Fairy Castle'
(cristata)

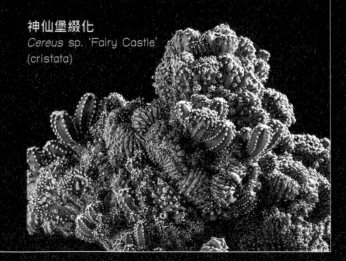

秘魯天輪柱綴化
C. repandus (L.) Mill. (cristata)

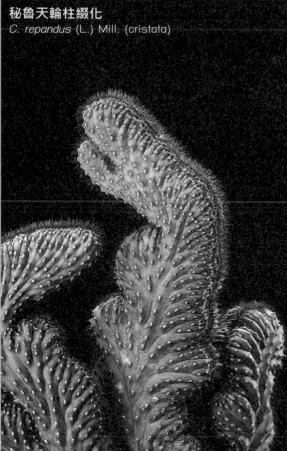

墨殘雪綴化
C. spegazzinii (cristata)

岩石獅子石化
C. repandus (monstrose)

本品種為秘魯天輪柱的石化突變種,其莖部螺旋狀扭曲成團狀怪異姿態,植株矮小。

秘魯天輪柱錦 + 綴化
C. repandus (cristata & variegated)

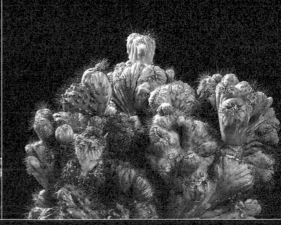

藍壺柱屬
Cipocereus

屬名源自巴西的 Serra do Cipó，為首次發現本屬之地，本屬物種僅分布於巴西海拔高度 500-1,500 公尺之地區。研究顯示藍壺柱屬在外形相似的仙人掌中，為最古老的仙人掌屬。常以播種或扦插繁殖。

形態特徵：植株中等至高大，莖幹筆直或稍微有點傾斜，有些物種株高可達 3.5 公尺。具短刺或無刺，4-21 稜。花朵為白色或淡黃色，夜間開花至隔天上午閉合。果實圓形，成熟時轉為藍色。

藍棱柱
Cipocereus bradei (Backeb. & Voll)
Zappi & N.P.Taylor
本種莖幹為天藍色，只分布於巴西的米納斯吉拉斯州 (Minas Gerais)，但遭受人類威脅，原生地的野生植株幾乎瀕臨絕種。

管花柱屬
Cleistocactus

屬名源自希臘文 kleistos，為關閉之意，指其花朵基部相連合而呈管狀姿態，即便開花時，花瓣綻放的姿態亦與其他仙人掌屬植物不同，且花色鮮豔以吸引蜂鳥前來幫忙傳粉。本屬原生地為南美洲，包含厄瓜多南部到玻利維亞，再到阿根廷北部、巴拉圭及烏拉圭等地，分布於海拔 100-3000 公尺高之乾燥地區，約有 30-50 個物種，且原生環境中可見自然種間雜交。

　　形態特徵：植株中等至高大，有些物種可達 6 公尺之高，但莖幹較其他物種纖細，有些物種莖幹則伏貼於地面或呈倒懸狀。5-30 稜，刺硬或軟似羽毛。花朵著生於植株先端處，基部連合呈管狀，花色鮮豔，有黃色、紅色、橘色。果小，圓形，內有黑色的小種子。

白閃石化
Cleistocactus hyalacanthus (Schum.)
Roland - Goss. (monstrose)

彩舞柱
C. samaipatanus (Cárdenus)
D.R.Hunt (cristata)

吹雪柱
C. straussii (Heese) Backeb.
原生地：玻利維亞南部到阿根廷

黃金柱 (紅刺)
C. winteri (red spine)

黃金柱
C. winteri D.R.Hunt
原生地：玻利維亞

原學名為 *Hildewintera
aureispina* (F.Ritter) F.Ritter
ex G.D. Rowley，如今為
異名。

黃金柱錦
C. winteri (variegated)

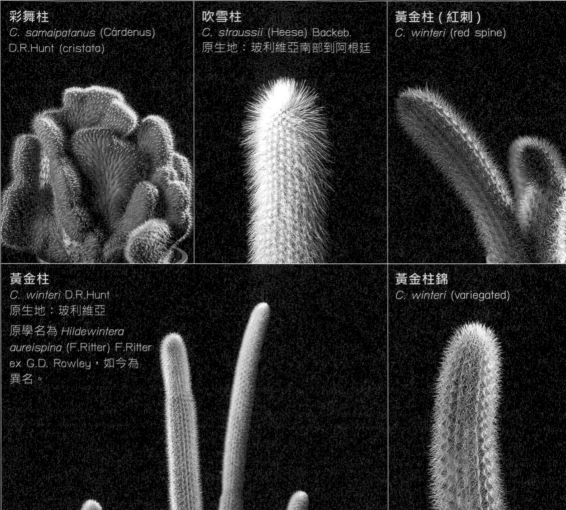

銀龍柱屬
Coleocephalocereus

屬名源自兩個希臘文，分別為 koleos 鞘及 kephale 先端、頂部之意，形容本屬仙人掌密集成團狀覆蓋於先端的花座。銀龍柱屬仙人掌分布於巴西海拔約 200-800 公尺高之花崗岩地質山脊上，約有 10 個物種。研究顯示本屬與花座球屬 (Melocactus) 親緣關係相近，具有許多相似的形態特徵，例如花朵、果實及種子。原生環境中果實為蜥蜴及螞蟻的食物，這也有利於本屬仙人掌種子的傳播。

形態特徵：植株小，8-35 稜，刺有各種形態。植株長大後先端形成花座，花朵著生於花座上，小花呈管狀，白色或紅色，於夜間開花，吸引蝙蝠及夜行蝶類幫忙授粉。果實小，圓形，成熟後轉為粉紅色至紅色，內有大量的黑色小種子。

浩白柱
Coleocephalocereus goebelianus
(Vaupel) Buining
原生地：巴西

旗號掌屬
Consolea

本屬屬名是為紀念專精仙人掌的義大利植物學家 Michelangelo Console，旗號掌屬與團扇屬 (*Opuntia*) 親緣關係相近，但植株外形及莖部性狀不太一樣，分布於加勒比海的群島，約有 9-10 個物種，大多數在高溫下生長良好。本屬仙人掌耐受性高、容易栽培，但不怎麼受大眾喜愛。可以播種或扦插繁殖。

　　形態特徵：本屬仙人掌植株莖幹呈圓形，葉狀莖則為扁橢圓形，莖會分枝成叢狀，株高 1-4 公尺。刺有各種形態，有些物種沒有刺。花朵著生於枝條末端，花色多樣，例如黃色、橘色及紅色，於白天開花，夜間萎凋，容易受粉結果。

金蘭團扇
Consolea falcata (Ekman & Werderm.) F.M.Knuth
原生地：加勒比海西印度群島的海地至多明尼加

龍爪球屬
Copiapoa

屬名命名自本屬第一個物種的發現地，也就是智利的科皮亞波市 (Copiapó)，本屬僅見於智利北部及中部的阿他加馬沙漠 (Atacama Desert)。龍爪球仙人掌原先被歸類為仙人球屬 (*Echinocactus*)，後來才獨立成為新的一屬。

本屬仙人掌依肉質可分為質地軟及質地硬兩群，所有物種皆生長在極度乾燥、沒有其他生物生存的環境中，人工栽培時，有些物種的生長速度可比在原生地快上數倍，研究發現有些物種壽命長達好幾百年，要生長很久才能脫離幼年期開花，已發表的物種約 30 種，性喜排水良好、強光、通風的環境，否則容易爛根。

形態特徵：本屬仙人掌形態有單球或會長側芽之群生姿態。為抓住地表及汲取沙漠深處的水源，根系可長達好幾公尺。莖部外觀呈綠色至藍灰色，刺座大，刺有各種形態，包括筆直尖銳或微彎曲，顏色有白色、黑色或黃色。花朵著生於植株先端中央的毛狀附屬物中，花色有黃色或亮紅色，壽命僅 1-2 天。果實圓形，表皮平滑，內部充滿黑色小種子，種子靠螞蟻及風傳播。

金爪龍
Copiapoa ahremephiana N.P.Taylor & G.J.Charles

黑王丸

C. cinerea (Phil.) Britton & Rose

原學名為 *C. tenebrosa* F.Ritter，目前歸類為 *C.cinerea*，種名為拉丁文 cinereus，意思是灰白色，指其表皮具白色蠟質物，與亮黑色的刺對比之下極具觀賞價值。每個刺座有 3-5 個刺，但有些個體每個刺座僅有 1 個刺，單刺個體很稀有。

C. cinerea 'Inermis'

黑王丸錦

C. cinerea (variegated)

帝冠龍

C. calderana F.Ritter

Copiapoa lembckei Backeb.

孤龍丸

C. cinerea var. *columna-alba*
(F.Ritter) Backeb.

本種多稜、短刺，且不太長子球，植株於原生環境中多為單株向北傾斜生長。孤龍丸因形態多變而有不同的學名，例如 C. columna-alba var. *nuda* F.Ritter 及 *C. cinerea* var. *haseltoniana* (Backeb.) N.P.Taylor，但現今均合併為 *C. cinerea* var. *columna-alba*。

逆鱗丸

C. cinerea var. *haseltoniana*

C. cinerea var.
columna-alba 'Inermis'

C. calderana subsp.
atacamensis (Middled.) D.R.Hunt

龍爪玉

C. coquimbana
(Karw. ex Rüpler) Britton & Rose

C. cinerascens
(Salm-Dyck) Britton & Rose

黑士冠
C. dealbata F.Ritter

豪槍丸
C. malletiana (Lem. ex Salm-Dyck) Backeb. 為本種另一形態，現更名為 *C. dealbata*。

龍魔玉
C. echinoides
(Lem. ex Salm-Dyck)
Britton & Rose

杜拉丸
C. dura F.Ritter
為本種另一形態，現更名為 *C. echinoides*。

舞龍丸
C. marginata var. *bridgesii*
(Pfeiff.) A.E.Hoffm.
現更名為 *C. echinoides*。

爆龍丸
C. fiedleriana (K.Schum.) Backeb.

C. griseoviolacea I.Schaub & Keim

疣仙人
C. hypogaea F.Ritter

種名希臘文為地下之意，指本種僅露出些許於地表，大部分位於地下。植株外觀呈深綠色或紫綠色，花朵黃色，著生於球體先端中央。疣仙人之外觀有兩種型態，光皮型見於智利查尼亞拉爾 (Chañaral) 北部，數量稀少，且較原生於南方的皺皮型少見，而皺皮型的疣仙人又別稱為蜥蜴皮 ('Lizard Skin')，其生長快、易開花，為許多玩家必蒐集的仙人掌之一。

蜥蜴皮
C. hypogaea 'Lizard Skin'

紫鱗龍
C. hypogaea var. *barquitensis* F.Ritter

現更名為 *C. hypogaea*。

毛疣仙人
C. hypogaea subsp. *laui* (Diers) G.J.Charles

毛疣仙人綴化
C. hypogaea subsp. *laui* (cristata)

公子丸
C. humilis (Phil.) Hutchison

本種外觀多變，分布廣泛，從平
地至海拔 1,200 公尺高之岩縫或碎
石地均可見其身影，原生環境乾
燥■■但常起霧。植株質地柔軟，
具有肥大且長的根系，以深入地
下汲取養分，會長側芽。

C. humilis var. *longispina* (F.Ritter)
A.E.Hoffm.

C. humili subsp. *variispinata*
(F.Ritter) D.R.Hunt
現更名為 *C. humili*。

公子丸綴化
C. humili (cristata)

C. humili subsp. *tenuissima*
(F.Ritter ex D.R.Hunt) D.R.Hunt

C. humili subsp. *tenuissima*
(cristata)

C. humili subsp. *tenuissima*
(cristata & monstrose)

青龍丸

C. decorticans N.P.Taylor &
G.J.Charles

原學名為 *Copiapoa* sp. 'Botija'，
原生地所見個體體型大多巨大，
且未發現幼年株的報告愈來愈多，
青龍丸原生地僅一處，且面積只
有 30 平方公里，乾旱是導致本種
自然族群數量減少的直接原因，
為即將瀕臨絕種的仙人掌之一。

雷血丸

C. krainziana F.Ritter

原學名為 *C. krainziana* var.
scopulina F.Ritter，現今歸
入 *C. krainziana*，種名是為
紀念 Hans Krainz。本種群
生於太陽直射之地，分布範
圍很小，原生地年降雨量不
足 100 毫米，為本屬最耐旱
的物種之一。刺長而白，與
本屬其他物種不同，會長
側芽，群生株幅可寬達 1 公
尺，但生長緩慢。

C. krainziana 'Brunispina'

龍鳴山
C. leonensis I.Schaub & Keim

鬼神龍
C. longistaminea F.Ritter

龍鱗丸
C. marginata (Salm-Dyck)
Britton & Rose

龍鱗丸
C. megarhiza Britton & Rose

C. megarhiza var. *echinata*
(F.Ritter) A.E.Hoffm.

妖鬼玉
C. montana F.Ritter

漂雲丸
C. mollicula F.Ritter
現更名為 *C. montana*。

秋霜玉
C. montana subsp. *grandiflora*
(F.Ritter) N.P.Taylor

黑疣球
C. esmeraldana F.Ritter
現更名為 *C. montana* subsp.
grandiflora。

公子丸錦
C. humilis (variegated)

C. schulziana I.Schaub & Keim

神針玉
C. rupestris F.Ritter

C. rupestris subsp. *desertorum* (F.Ritter) D.R.Hunt

蛇球
C. serpentisulcata F.Ritter

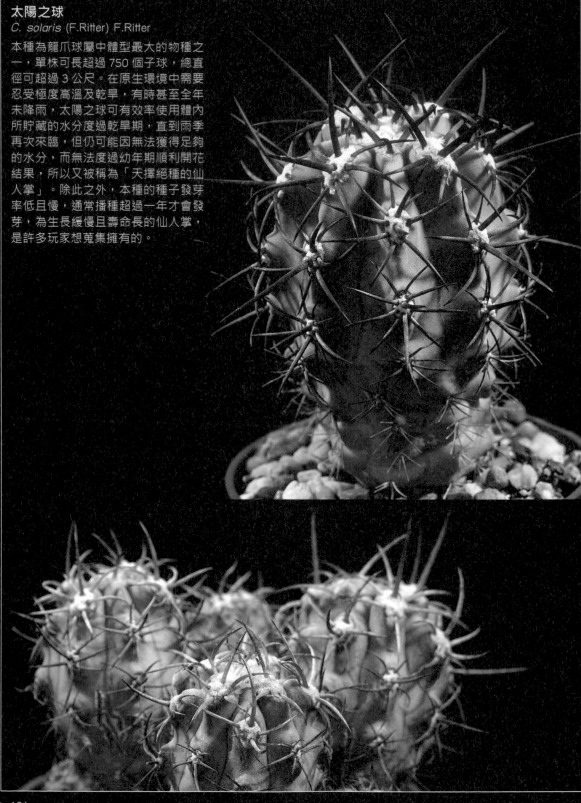

太陽之球
C. solaris (F.Ritter) F.Ritter

本種為龍爪球屬中體型最大的物種之一，單株可長超過 750 個子球，總直徑可超過 3 公尺。在原生環境中需要忍受極度高溫及乾旱，有時甚至全年未降雨，太陽之球可有效率使用體內所貯藏的水分度過乾旱期，直到雨季再次來臨，但仍可能因無法獲得足夠的水分，而無法度過幼年期順利開花結果，所以又被稱為「天擇絕種的仙人掌」。除此之外，本種的種子發芽率低且慢，通常播種超過一年才會發芽，為生長緩慢且壽命長的仙人掌，是許多玩家想蒐集擁有的。

Corynopuntia 屬

屬名源自希臘文 coryne，意思為棍棒，指本屬外觀如棍棒狀的團扇屬 (*Optunia*) 仙人掌，所以又別稱為 Club Opuntia 或 Club Chollas。本屬植物原生於北美洲南方乾燥、空曠的沙質土或礫質地，分布於海拔 0-2,500 公尺高之地區，約有 15 個物種，有些文獻則將本屬歸類為 *Grusonia* 屬。以播種或扦插繁殖。

　　形態特徵：植株小，莖幹為棍棒狀，節節相接，會長側芽而呈小型群生姿態。刺尖且筆直，白色或灰色，中刺較副刺大。花朵大多為黃色，有些物種花色則為白色或粉紅色。果實呈漏斗狀至橢圓形，外披覆有尖刺保護，成熟後呈黃色至棕色，內有淡黃色至棕色種子。

C. moelleri (A.Berger) F.M.Knuth
原生地：墨西哥

武者團扇
Corynopuntia invicta (Brandegee) F.M.Knuth
原生地：墨西哥

頂花球屬／巨象屬
Coryphantha

屬名由希臘文 coryph 及 antha 組成，分別為頂端及花朵之意，指本屬仙人掌的花朵著生於植株先端。原生地為美國南部及墨西哥，分布於海拔 500-2,700 公尺高之地，約有 47 個物種。泰國玩家暱稱本屬為大象，因為本屬第一個引入泰國栽培的物種為象牙丸 (*Coryphantha elephantidens*)。頂花球屬仙人掌容易栽培，性喜排水良好、通風之介質。

形態特徵：植株為圓形或圓柱狀，植株單幹或會長側芽。刺彎曲呈圓弧形，有些物種之刺小、多且密集，以致完全遮蔽住莖幹。大花，呈漏斗狀，著生於植株先端處，花色多，有粉紅色、黃色或白色等，有些花朵中心顏色與外圍顏色不同。果實橢圓形，成熟時轉為紅色，內有棕色種子。

象牙丸錦
C. elephantidens (variegated)

象牙丸
C. elephantidens (Lem.) Lem.
原生地：墨西哥

種名為拉丁文，意思為「象牙」，指本種刺大若利齒，後來也成為本屬其他物種別名的由來。本種為頂花球屬中體型最大的物種，原生地範圍廣泛，分布於海拔高度 1,100-2,000 公尺高之地區，有多種變異形態。花朵顏色大多為粉紅色，有些則為黃色或白色。目前為墨西哥保育植物，可人為栽培，且在平地能順利開花。

象牙丸石化
C. elephantidens (monstrose)

象牙丸石化
C. elephantidens (monstrose)

象牙丸錦 + 綴化
C. elephantidens (cristata & variegated)

象牙丸綴化
C. elephantidens (cristata)

短刺象牙丸
C. elephantidens 'Tanshi'

泰坦象牙丸
C. elephantidens 'Titan'

天司丸
C. elephantidens subsp. *bumamma* (Ehrenb.)
Dicht & A.Lüthy
原生地：墨西哥

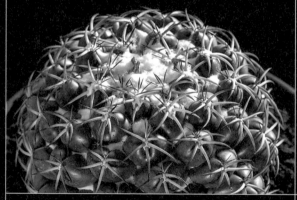

天司丸 'Green'
C. elephantidens subsp. *bumamma* 'Green'

天司丸 'Green' 綴化
C. elephantidens subsp. *bumamma* 'Green' (cristata)

大疣象牙丸
C. elephantidens subsp. *greenwoodii* (Bravo)
Dicht & A.Lüthy
原生地：墨西哥

黑象丸
C. maiz-tablasensis O.Schwarz
原生地：墨西哥

分布於石灰含量高之砂地，原生地常因開闢為道路或農地而遭受破壞，
為瀕臨絕種之仙人掌，在仙人掌玩家中並不流行蒐藏。

黑象丸錦
C. maiz-tablasensis (variegated)

獅子奮迅
C. cornifera (DC.) Lem.
原生地：墨西哥

C. kracikii Halda
原生地：墨西哥

C. macromeris subsp. *runyonii*
(Britton & Rose) N.P.Taylor
原生地：美國及墨西哥

C. pallida Britton & Rose
原生地：墨西哥

C. pallida subsp. *calipensis*
(variegated)

C. pallida subsp. *calipensis*
(Bravo ex Arias, U.Guzmán &
S.Gama) R.F.Dicht & A.Lüthy
原生地：墨西哥

三叉戟象牙丸
C. tripugionacantha A.B.Lau
原生地：墨西哥

C. ottonis (Pfeiff.) Lem.
原生地：墨西哥

C. poselgeriana (D.Dietr.)
Britton & Rose

C. salm-dyckiana (Scheer ex
Salm-Dyck) Britton & Rose
原生地：墨西哥

C. sulcata (Engelm.)
Britton & Rose
原生地：美國及墨西哥

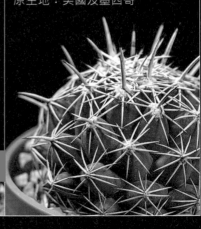

C. retusa (Pfeiff.) Britton & Rose
原生地：墨西哥

C. retusa (cristata)

C. retusa (variegated)

沃德曼球
C. werdermannii Boed.
原生地：墨西哥

分布於墨西哥北部 Sierra Paila Coahuila 特別乾燥之地區，為頂花球屬植物中唯一受《瀕臨絕種野生動植物國際貿易公約》(簡稱華盛頓公約)(Convention on International Trade in Endangered Species of Wild Fauna and Flora, CITES) 保護的物種，位列附錄一。沃德曼球植株小，生長緩慢，株齡至少 8 年以上才會開花，花朵直徑約 6 公分，花黃色。成熟果實為綠色。

敦丘掌屬
Cumulopuntia

屬名源自希臘文 cumulo，為堆疊之意，指本屬外觀狀若會長側芽而呈群生姿態的團扇屬 (*Optunia*) 仙人掌，曾被歸類為團扇屬，但後來獨立為敦丘掌屬。本屬分布於南美洲，從阿根廷北部到玻利維亞、智利及祕魯一帶，海拔 0-4,700 公尺高之空曠地區，本屬至少有 18 個物種。

形態特徵：植株中等，莖幹為圓形或橢圓形，節節相接。多數物種具有銳刺，有些物種為短刺，有些則為長刺，刺顏色多樣，有白色、棕色等。花朵大，花瓣為黃色、橘色、紅色，只在白天開花。果實為圓形或卵形，內有深棕色種子。

C. zehnderi
Rauh & Backeb.) F.Ritter
原生地：祕魯

Cumulopuntia pentlandii (Salm-Dyck) F.Ritter
原生地：阿根廷、玻利維亞及祕魯

圓柱仙人掌屬
Cylindropuntia

屬名意思為圓柱狀莖幹的團扇屬 (Optunia) 仙人掌。主要原生地為北美洲南方沙漠地區，海拔高度為 0-2,100 公尺。最初被分類為團扇屬下之亞種，後來獨立為圓柱仙人掌屬，有 30 個物種，且有文獻紀錄本屬仙人掌在自然環境中有天然雜交子代存在。

形態特徵：主莖單幹並於植株上端分枝，或從主幹上分枝而呈中等大小的叢生姿態。刺座形態多變。花朵顏色有黃色、黃綠色、粉紅色或紅色。

Cylindropuntia cholla (F.A.C.Weber) F.M.Knuth
原生地：墨西哥

拳骨團扇
C. fulgida (Engelm.) F.M.Knuth
原生地：墨西哥

本種為中等大小的叢生姿態，全株滿布銳刺，有研究指出澳洲及非洲南部也有本種的族群分布。拳骨團扇仙人掌易栽培且適應力佳，有些地方會以之為圍籬，果實可食用。

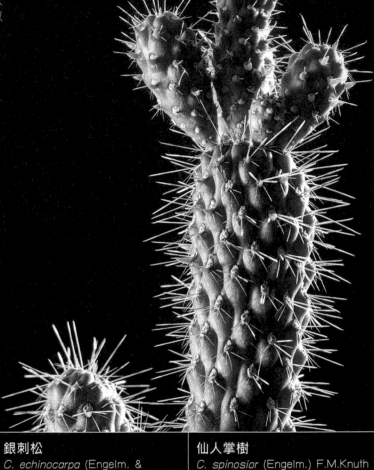

拳骨團扇綴化
C. fulgida (cristata)

C. hystrix (Griseb.) Areces
（金刺形態）

銀刺松
C. echinocarpa (Engelm. & J.M.Bigelow) F.M.Knuth
原生地：墨西哥

仙人掌樹
C. spinosior (Engelm.) F.M.Knuth
原生地：墨西哥

棲鳳球屬
Denmoza

屬名源自阿根廷門多薩 (Mendoza) 省之拼字重新組合，門多薩省為第一次發現本屬之地方。本屬曾被歸類在許多不同的屬下，例如仙人球屬 (*Echinocactus*)、天輪柱屬 (*Cereus*)、管花柱屬 (*Cleistocactus*)、大棱柱屬 (*Echinopsis*)、獅子錦屬 (*Oreocereus*) 及 *Pilocereus* 屬，最後獨立為新的棲鳳球屬，本屬僅有 1-2 個物種。

形態特徵：莖幹外形多變，例如圓球形或長柱狀，不易分枝。刺長呈彎曲狀，顏色多變，有紅棕色及灰色等，且會隨植株生長階段而變。莖部平滑，綠色。花朵著生於植株先端處，管狀，於白天開花，顏色鮮艷以吸引蜂鳥前來幫忙傳粉。果實圓形，外披覆有短刺保護，成熟時開裂，果肉為白色，種子為黑色橢圓形。

Denmoza rhodacantha (Salm-Dyck) Britton & Rose
原生地：阿根廷西北部

圓盤玉屬
Discocactus

本屬屬名源自希臘文 discus，意思為盤子或圓片，形容本屬仙人掌外觀為扁圓形。本屬本屬仙人掌分布於巴西至玻利維亞東部及巴拉圭北部，有 7 個物種，皆為瀕臨絕種的稀有仙人掌，且受《華盛頓公約》(CITES) 所保護，位列附錄一，即受貿易影響或可能受影響而滅絕之物種，除進行學術研究或育種，經進口國核準外，不得進行跨國貿易。

形態特徵：植株呈扁圓形。刺有多種形態，如小短刺，或刺長互相糾纏有如鳥巢狀姿態。植株成熟後花朵著生於植株先端之花座，花朵為白色，具有香味，夜間開花，壽命僅一天。

迷你迪斯可
Discocactus bahiensis Britton & Rose
原生地：巴西
族群散布於巴西的巴伊亞 (Bahia) 州及附近幾個地區，海拔高度範圍為 380-650 公尺，現今原生地因開闢道路及建造索布拉迪紐水庫 (Sobradinho Dam) 受破壞，使該棲地族群瀕臨絕種，更重要的是如今剩存的自然族群棲地均位於保護區外。

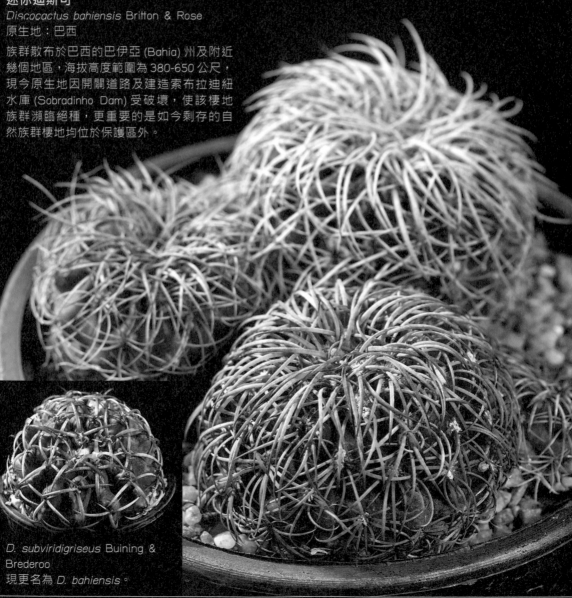

D. subviridigriseus Buining & Brederoo
現更名為 *D. bahiensis*。

D. ferricola Buining & Brederoo
原生地：巴西

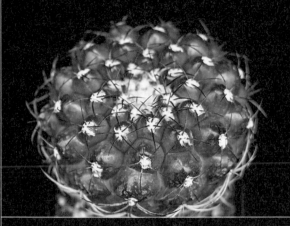

D. ferricola (variegated)

D. ferricola (monstrose)

天涯玉
D. heptacanthus (Barb.Rodr.) Britton & Rose
原生地：巴西、玻利維亞、巴拉圭

圓疣迪斯可
D. cephaliaciculosus Buining & Brederoo ex P.J.Braun
& Esteves，現更名為 *D. heptacanthus*。

D. heptacanthus subsp. *catingicola* (Buining &
Brederoo) N.P.Taylor & Zappi
原生地：巴西、玻利維亞東部

猴屍體
D. horstii Buining & Brederoo
原生地：巴西東部
台灣中文俗名猴屍體由其種名音譯而來，自西元 1970 年起即為圓盤玉屬中非常受玩家歡迎的仙人掌。現今猴屍體原生地已成為石英礦場，使自然族群大量銳減而瀕臨絕種。本種的特徵為刺短、白色、緊貼稜脊，莖部為深綠色至深紫色，花冠筒 (corolla tube) 較其他圓盤玉屬仙人掌短。

猴屍體錦
D. horstii (variegated)

猴屍體綴化
D. horstii (cristata)

圓盤玉屬雜交種錦
D. hybrid (variegated)

D. placentiformis (Lehm.) K.Schum.
原生地：巴西東部

本種變異性高，以前曾依據刺的性狀與不同的原生地，被分為許多不同的物種，但如今均歸類為 *D. placentiformis*，例如以下幾種仙人掌：

原學名為 *D. alteolens* Lem. ex A.Dietr.

原學名為 *D. crystallophilus*

原學名為 *D. insignis*

原學名為 *D. insignis* (variegated)

原學名為 *D. latispinus* 'HU 639'

原學名為 *D. latispinus* (variegated)

原學名為 *D. pulvinicapitatus*

D. heptacanthus subsp. *magnimammus* (Buining & Brederoo) N.P.Taylor & Zappi
原生地：巴西、巴拉圭

D. zehntneri Britton & Rose
原生地：巴西東部

D. zehntneri subsp. *boomianus* (Buining & Brederoo) N.P.Taylor & Zappi
原生地：巴西

D. zehntneri subsp. *boomianus* (variegated)

金鯱屬
Echinocactus

屬名源自希臘文 echinos，意思為豪豬，用來形容本屬仙人掌之銳刺。本屬原本被分類為花座球屬 (*Melocactus*)，西元 1827 年經德國植物學家 Johann Heinrich Friedrich Link 及 Christoph Friedrich Otto 詳細研究後，獨立為新的金鯱屬。本屬仙人掌分布於美國西南部及墨西哥，可見於海拔 30-2,200 公尺高之草地或沙漠。以播種繁殖，可與強刺球屬 (*Ferocactus*) 仙人掌進行屬間雜交。

形態特徵：植株呈圓球形或橢圓形，不長側芽，8-50 稜，成株後植株先端會長出絨毛狀附屬物，亦是花朵著生處。花朵環生於植株先端處，花朵與植株相較之下偏小，花色為黃色或粉紅色。果實為陀螺形至橢圓形，狀若小仙人掌，外披覆有毛保護，成熟後轉為紅色，內有黑色種子。

金鯱錦
Echinocactus grusonii (variegated)

金鯱
E. grusonii Hildm.
原生地：墨西哥中部

金鯱因其體型巨大而受到全世界玩家的喜愛。本種年幼時稜脊不明顯，而疣狀突起明顯隆起，當植株逐漸長大，其稜脊數量隨之增加，相較之下刺反而變短。金鯱壽命超過 30 年，幼年期長，成株後直徑可超過 1 公尺，體內能貯藏大量水分。花朵鮮黃色，果實小。野外金鯱受盜採盜賣及棲地因興建水壩受破壞，導致自然族群數量稀少，瀕臨絕種。現今金鯱因受歡迎而廣泛栽種，也選育出許多刺變異的新品種，並依據刺的性狀命名，例如刺為白色的白刺金鯱。

金鯱石化
Echinocactus grusonii
(monstrose)

金鯱綴化
Echinocactus grusonii (criststs)

白刺金鯱
E. grusonii 'Albispinus'

白刺金鯱石化
E. grusonii 'Albispinus'
(monstrose)

E. grusonii 'Brevispinus'

短白刺金鯱
E. grusonii 'Intermedius'

E. grusonii 'San Juan del
Capistrano' KPP1603

王金鯱
E. grusonii 'Tanshi Kinshachi'

無刺金鯱
E. grusonii 'Inermis'
本品種的日文名稱為 'Togenashi
Kinshachi'。

無刺金鯱綴化
E. grusonii 'Inermis' (cristata)

無刺金鯱錦
E. grusonii 'Inermis' (variegated)

太平丸

E. horizonthalonius Lem.

原生地：美國及墨西哥

原生環境極度乾燥，分布於海拔 600-2,500 公尺高之地區，生長極緩。莖幹為灰綠色，刺為深紅棕色。花朵大，粉紅色。

太平丸綴化

E. horizonthalonius (cristata)

太平丸錦

E. horizonthalonius (variegated)

翠平丸

E. horizonthalonius ‘Complatus’

神龍玉
E. parryi Engelm.
原生地：墨西哥

大龍冠
E. polycephalus Link & Otto
原生地：美國西南部至墨西哥北部

146

凌波
E. texensis Hopffer
原生地：美國西南部至墨西哥東北部

分布於海拔 0-1,400 公尺高之乾燥地區，植株藏身於草叢中，耐性強，果實可食用，日本選育出許多具有特殊性狀之品系，例如以下幾種：

凌波錦
E. texensis (variegated)

E. texensis 'Kyoshi Ayanami'

E. texensis 'Tanshi Ayanami'

凌波石化
E. texensis (monstrose)

蝦仙人掌屬
Echinocereus

本屬於西元 1848 年由 George Engelmann 命名，分布於美國西南部至墨西哥中部，原生環境多樣，生長於受岩壁遮蔭的強光環境中，從冷涼環境到乾燥如沙漠之環境均可見得，生長於海拔 0-2,700 公尺高之地區，已發現至少有 60 個物種，多以播種繁殖。

形態特徵：單幹或會長側芽，株形為長條狀或圓柱狀，刺則有短刺或各種長度之長尖刺形態。花朵大，著生於植株先端處，有多種花色，例如紫色、橘色、黃色及粉紅色等。果實圓形，外披覆有刺保護，內有黑色小種子。

紫紅玉
Echinocereus adustus Engelm.
原生地：墨西哥

武勇丸
E. engelmannii (Parry ex Engelm.) Lem.
原生地：美國西南部及墨西哥

武勇丸的英文別名為 Hedgehog Cactus，為蝦仙人掌屬裡分布廣泛之仙人掌，群生於海拔 0-2,400 公尺高之乾燥地區。莖幹為圓柱狀，綠色。刺密集，彼此重疊，顏色有黃色、橘色、紅色、紅棕色等。

E. fendleri var. *kuenzleri* (Castetter, P.Pierce & K.H.Schwer.) L.D.Benson
原生地：美國西南部及墨西哥北部

翁錦
E. delaetii (Gürke) Gürke
原生地：墨西哥

鬼見城
E. apachensis Blum & Rutow
原生地：美國

大洋蝦
E. polyacanthus var. *pacificus* (Engelm.) N.P.Taylor
原生地：僅見於墨西哥的下加利福尼亞 (Baja California) 半島

E. terreirianus var. *lindsayi*
(J.Meyrán) N.P.Taylor
原生地：墨西哥
下加利福尼亞半島之
Cataviña 沙漠

E. mapimiensis (cristata)

三光丸
E. pectinatus (Scheidw.) Engelm.
原生地：美國西南部至墨西哥北部

三光丸綴化
E. pectinatus (cristata)

E. scheeri (Salm-Dyck) Scheer

E. scheeri (variegated)

E. viridiflorus subsp. *davisii*
(Houghton) W.T.Marshall

僅分布於美國德克薩斯州 (Texas)
西部，為蝦仙人掌屬中體型最小
之物種，成株株高僅約 2 公分，
直徑約 3 公分，人為栽培下植株
可能稍大或較小。於白天開花時
有淡淡的香味，以吸引昆蟲幫忙
授粉。

大佛殿
E. subinermis Salm-Dyck ex
Scheer

三刺蝦
E. triglochidiatus (cristata)

紫太陽

E. rigidissimus subsp. *rubispinus* (G.Frank & A.B.Lau) N.P.Taylor

原生地：墨西哥

與太陽 (*E. rigidissimus*) 相似，但刺為鮮紅色，易栽培，生長緩慢。

太陽

E. rigidissimus (Engelm.) .Haage

原生地：墨西哥

單幹。刺有白色或粉紅帶紅色，伏貼於莖幹，無中刺。花朵大，花為鮮豔粉紅色，需低溫刺激花芽發育，所以於平地栽培時不易開花。

紫太陽綴化

E. rigidissimus subsp. *rubispinus* (cristata)

摺墨
E. reichenbachii (Terscheck)
J.N.Haage
原生地：美國西南部至墨西哥北部

和平蝦
E. reichenbachii var. *baileyi*
(Rose) N.P.Taylor

櫻蝦
E. reichenbachii subsp. *armatus*
(Poselg.) N.P.Taylor
原生地：墨西哥

櫻蝦綴化
E. reichenbachii subsp. *armatus*
(cristata)

錦照蝦石化
E. reichenbachii var. *fitchii*
(monstrose)

美刺球屬
Echinomastus

屬名源自希臘文，形容本屬疣狀凸起上有銳刺，最近的研究顯示，本屬與琥玉屬 (*Sclerocactus*) 雖然外觀上並不肥厚相似，但兩者親緣關係近。本屬分布於北美洲的乾燥或草原地區，尤其是生長於面向東或南方的斜坡上，海拔範圍為 200-2,400 公尺高。

形態特徵：單幹，圓柱形，表皮肥厚保水。刺長且尖銳如針，彼此交疊，有時無中刺，刺有多種顏色，即使同一物種之刺顏色也可能不同。花朵著生於植株先端，有白色、粉紅色、黃色及紫色等花色。

綾玉
Echinomastus intertextus (Engelm.)
Britton & Rose
原生地：美國及墨西哥

綾玉
E. dasyacanthus
(Engelm.) Britton & Rose
原生地：美國及墨西哥

虎爪玉
E. laui G.Frank & Zecher
原生地：墨西哥

英冠
E. johnstonii E.M.Baxter
原生地：美國

種名源自美國植物學家 Joseph E. Johnson 之名，主要分布於美國西岸的內華達州、加利福尼亞州及亞利桑那州等地。單幹，刺有紫色、黃色、紅色及粉紅色等多種顏色，刺淋濕後顏色會轉為深色。花朵為黃色或粉紅色。性喜強光，耐熱。自然族群數量多，但因為發芽率低、生長緩慢，栽培至成株所需時間長，所以較少人栽培，算是壽命很長的仙人掌。

大棱柱屬
Echinopsis

本屬屬名源自希臘文，echinos 為豪豬，opsis 為外觀像，指外觀有如豪豬滿布銳刺，原生於南美洲的玻利維亞、祕魯、阿根廷及巴西排水良好的岩屑地或沙質地。本屬可與許多仙人掌屬雜交，例如仙人鞭屬 (*Chamaecereus*)、蝦仙人掌屬 (*Echinocereus*)、麗花丸屬 (*Lobivia*)、白仙玉屬 (*Matucana*) 及雷斧柱屬 (*Trichocereus*)。

　　形態特徵：植株呈扁圓形，隨植株生長可能逐漸變為圓柱形，有些物種株高較高。莖單幹或會長側枝，稜脊明顯。花朵呈喇叭狀，花莖長，花朵壽命僅一天，有多種花色，大部分於夜間開花之物種，其花色為白色或淡粉紅色，隔日白天花朵即萎凋，而其他於白天開花者，花色則較鮮艷。

天守閣綴化及石化
Echinopsis bridgesii (cristata & monstrose)

金盛丸
E. calochlora
原生地：玻利維亞、巴西

金盛丸因為易栽培、壽命長而廣
受歡迎。它會不斷從植株基部長
出子球，當植株夠大、開始形成
子球成群姿態後才會開花，花朵
大，白色，花莖長且筆直，於夜
間開花，花香濃郁。

金盛丸錦
E. calochlora (variegated)

短毛丸
E. eyriesii (Turpin) Pfeiff. & Otto
原生地：阿根廷

短毛丸錦
E. eyriesii (variegated)

短毛丸綴化
E. eyriesii (cristata)

金城丸
E. candicans (Gillies ex Salm-Dyck) D.R.Hunt
原生地：阿根廷

狂風丸
E. ferox (Britton & Rose) Backeb.
原生地：阿根廷、巴西及烏拉圭

龜甲丸錦
E. cinnabarina hybrid (variegated)

E. silvestrii Speg.
原生地：阿根廷

E. thionantha (Speg.) D.R.Hunt

E. thionantha subsp. *glauca* (F.Ritter) M.Lowry

白檀
E. chamaecereus H.Friedrich & Glaetzle
原生地：阿根廷

白檀錦
E. chamaecereus (variegated)

白檀錦
E. chamaecereus (variegated)

白檀綴化
E. chamaecereus (cristata)

多聞柱
E. pachanoi (Britton & Rose)
Friedrich & G.D.Rowley
原生地：阿根廷、玻利維亞、祕
魯、智利及厄瓜多

多聞柱錦
E. pachanoi (variegated)

多聞柱綴化 + 錦
E. pachanoi (cristata &
variegated)

多聞柱綴化
E. pachanoi (cristata)

大豪丸
E. subdenudata Cárdenas
原生地：玻利維亞及巴拉圭

大豪丸錦
E. subdenudata (variegated)

大豪丸錦
E. subdenudata (variegated)

大豪丸綴化
E. subdenudata (cristata)

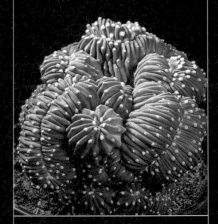

大豪丸綴化 + 錦
E. subdenudata (cristata & variegated)

白城
Echinopsis 'Hakujo'

白城在泰國廣泛被大家種植已有10年之久，為奇特之大棱柱屬仙人掌，其與同屬仙人掌最不同處為棱脊如遭刀削過且呈白色，當部分棱脊性狀恢復正常時，表示植株準備開花，一般推測白城為大棱柱屬與其它屬仙人掌之日本嵌合體變異，但易感染銹病，現今有許多不同之變異品系，如錦斑變異及石化變異等品系。

白城錦
Echinopsis 'Hakujo' (variegated)

白城石化
Echinopsis 'Hakujo' (monstrose)

巧克力大棱柱
Echinopsis 'Chocolate'

巧克力大棱柱錦
Echinopsis 'Chocolate'
(variegated)

E. scopulicola (F.Ritter) Mottram

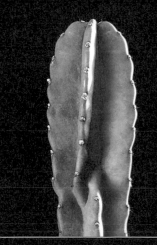

大棱柱雜交種
Echinopsis hybrid

E. subdenudata × *E. calochlora*
(cristata)

Echinopsis hybrid 'Mont 1'

Echinopsis hybrid 'Mont 2'

164

曇花屬
Epiphyllum

屬名源自希臘文，由 epi 與 phyllon 組成，前者為在什麼之上，後者為葉片，意指花朵著生於像是葉片的莖幹之上。由於曇花屬植物附生於樹木或石頭上，許多人不知道本屬為仙人掌的一種。本屬植物分布廣泛，從美國南部至南美洲許多國家，海拔 0-2,200 公尺高之地區均有其蹤跡，約有 15 個物種。本屬花朵多於深夜開放，讓許多人見到時為之驚艷。本屬易繁殖，常用方式為扦插法，相較其他仙人掌更喜歡水。

形態特徵：莖幹扁平若葉片，有各種不同之形狀，在節間處可分化長出長長的攀附根，而植株基部則隨生長逐漸木質化且變為方形。花朵大，漏斗狀，著生於葉狀莖凹陷處之刺座，花瓣為白色，花萼為黃褐色或棕色帶粉紅色，夜間開花至隔日上午，具有香味。果實為橢圓形，內有大量之黑色小種子。

曇花屬雜交種
Epiphyllum hybrid

月世界屬
Epithelantha

本屬由 William H. Emory 所發現，於西元 1898 年因為性狀與乳突球屬（*Mammillaria*）相似，而被歸類為乳突球屬，爾後發現二屬差別在於月世界屬花朵著生於植株先端之刺座，而將之獨立為月世界屬，二屬在有著相近的演化之路。原生地為受峭壁遮蔭邊緣之沙漠，海拔高度為 300-2,300 公尺。生長緩慢，常以分株或嫁接繁殖，然而嫁接之優良接穗必須取自實生苗。

形態特徵：植株小，本屬仙人掌有單株或者會長側芽而呈大型群生姿態者。莖幹及刺為白色，有些物種則為淡黃色，刺軟不尖銳，可徒手觸之。花朵小，白色或淡粉紅色。果實為橢圓長莢狀，粉紅色或紅色，內有黑色小種子。

小人之帽
Epithelantha micromeris subsp. *bokei* (L.D.Benson) U.Guzmán
原生地：美國及墨西哥

亞種名源自美國植物學家 Dr. Norman H. Boke，在分類上，因小人之帽性狀與其他亞種特別不同，有些文獻將其獨立為物種。小人之帽極受大家歡迎，其全株披覆白色細緻密集之刺，彼此重疊交錯至看不見莖幹。花色為黃白色或淡粉色。

小人之帽石化
E. micromeris subsp. *bokei*
(monstrose)

小人之帽綴化
E. micromeris subsp. *bokei*
(cristata)

天世界
E. micromeris subsp. *greggii*
(Engelm.) N.P.Taylor

新月丸
E. micromeris subsp. *polycephala*
(Backeb.) Glass
原生地：墨西哥

本亞種能產生超過 100 個側芽。

姬世界
E. unguispina (Boed.) D.Donati & Zanov.
原生地：墨西哥

姬世界錦
E. unguispina (variegated)

極光球屬
Eriosyce

屬名源自希臘文，由 erion 羊毛及 syke 無花果組成，意指其果實披覆有軟毛。極光球屬於西元 1872 年由 Rudolph Philippi 所命名，有些文獻則將本屬歸類為暗光球屬 (Islaya)、智利球屬 (Neoporteria) 或吼熊球屬 (Pyrrhocactus)。本屬分布於智利、祕魯及阿根廷，海拔 0- 超過 3,000 公尺高之乾燥地區。

形態特徵：植株呈圓球或圓柱狀，體型有大有小，7-30 稜。有些物種刺很少，有些則刺多且密集到看不見莖幹。花朵著生於植株先端，顏色有粉紅色、紅色或黃色。果實橢圓形，披覆著白色軟毛，內有黑色種子。

極光球
Eriosyce aurata (Pfeiff.) Backeb.
原生地：智利
原學名為 *Eriosyce ceratistes* (Otto ex Pfeiff.) Britton & Rose。

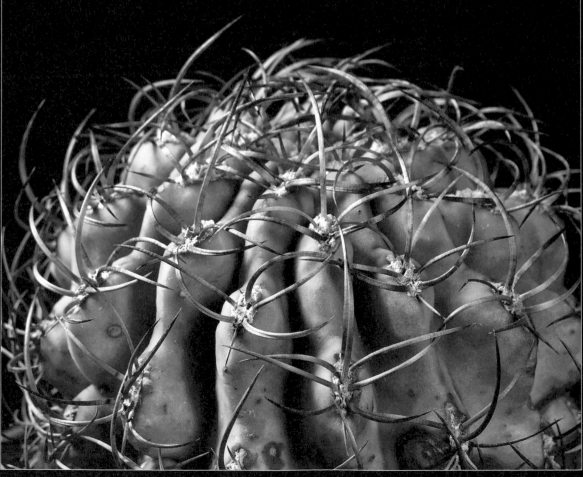

逆豹玉
E. bulbocalyx (Werderm.) Katt.
原生地：阿根廷

種名形容其花朵開口小，狀若小碗。

豹頭
E. napina (Phil.) Katt.
原生地：智利

kunzei (C.F.Först.) Katt.
原生地：智利

E. napina subsp. *lembckei* Katt.
原生地：智利

E. odieri subsp. *kraussii*
(F.Ritter) Ferryman
原生地：智利

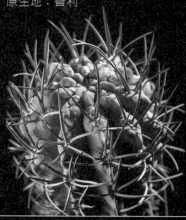

E. paucicostata (F.Ritter)
Ferryman
原生地：智利

E. paucicostata subsp. *floccosa*
(F.Ritter) Ferryman
原生地：智利

逆龍玉
E. subgibbosa (Haw.) Katt.
原生地：智利

白錦玉
E. islayensis (C.F.Först.) Katt.
原生地：祕魯南部至智利北部

E. rodentiophila F.Ritter
原生地：智利

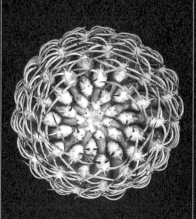

E. umadeave (Werderm.) Katt.
原生地：阿根廷西北部

自然界中生長於極度乾燥、強
光、低溫可達 -26°C 之山坡
岩縫隙裂地。人為栽培下通常
生長得不是很好。

松笠球屬
Escobaria

本屬原本被分類為頂花球屬 (*Coryphantha*)，後來才成為松笠球屬，有 8 個物種，屬名是為紀念 Romulo 及 Numar Escobar。本屬分布於加拿大、美國及墨西哥，原生地環境多樣，包含草原及鄰近岩石碎屑地，多數物種生長在空曠處，而有些物種則生長於海拔 800-2,500 公尺高之灌木叢區。

形態特徵：植株單幹或有側芽呈小型群生姿態，莖幹呈圓形或柱狀，多數物種刺短且密集。花朵著生於植株先端，粉紅色或洋紅色，綻放時花瓣不完全開展。果實圓形或橢圓形，表皮光滑，成熟時轉為粉紅色或紅色，內有深棕色小種子。

孤月
Escobaria abdita Repka & Vaŝko
原生地：墨西哥

本種剛被發現不久，莖幹綠色，刺純白色。原生地混藏於極乾燥的岩礫地，雨季時會因為吸水膨脹而容易被發現，根系為貯藏養分而肥大。栽培歷史短，但易栽培。

E. laredoi (Glass & R.A.Foster) N.P.Taylor
原生地：墨西哥

E. robbinsorum (Earle) D.R.Hunt
原生地：美國亞利桑那州

迷你馬
E. minima (Baird) D.R.Hunt
原生地：美國德克薩斯州

孤雁丸

E. sneedii subsp. *leei* (Rose ex Boed.) D.R.Hunt

原生地：美國及墨西哥

種名是為紀念於西元 1921 年首次採得孤雁丸樣本之 J.R. Sneed，原先本種被認為僅分布於美國德克薩斯州富蘭克林山區 (Franklin Mountains)，後來 Willis T. Lee 於西元 1925 年在其他地方發現另一族群，因為新發現族群之刺較小，且為平滑形態，不若富蘭克林山區 *E. sneedii* 族群之刺猖狂，所以被歸類為亞種，命名為 *E. sneedii* subsp. *leei*。本種仙人掌容易栽培與繁殖，且能快速成長為群生姿態，已流行一陣子。

白裳屬
Espostoa

屬名源自祕魯植物學家 Nicolas E. Esposto，分布於祕魯、玻利維亞及阿根廷海拔 450-2,800 公尺高之地區，有 11 個物種。白裳屬有數個物種作為觀賞植物，易栽培，性喜強光，常以播種繁殖。

形態特徵： 植株大，莖幹筆直，株高可達 1-9 公尺，並於植株基部分枝呈叢生姿態。刺座緊密相鄰，刺有多種形態，有些物種之刺座上具有白色毛狀附屬物。花期為夏季，花朵白色，著生於植株側邊之花座，於白天開花。

老樂柱
Espostoa lanata (Kunth)
Britton & Rose
原生地：祕魯、阿根廷

莖幹呈圓柱狀，披覆著白色毛狀附屬物。廣泛分部於原生地，有許多異名。易栽培，可耐 -12°C 之低溫。原生地住民會取其花座附近之毛狀附屬物作為填充枕頭之材料。

越天樂
E. mirabilis F.Ritter
原生地：祕魯

老壽樂
E. ritteri Buining
原生地：祕魯

老樂
E. nana F.Ritter
原生地：祕魯

老樂綴化
E. nana (cristata)

麗翁柱屬
Espostoopsis

屬名意思為長得像白裳屬 *(Espostoa)* 之仙人掌，本屬分布於巴西東部，僅有一個物種。易栽培，以播種或扦插繁殖。

形態特徵：植株體型小至中等，從植株基部分枝呈低矮叢生姿態，株高 2-4 公尺，莖幹呈圓形，直徑約 8 公分，20-28 稜，稜上披覆有緻密之白色細毛，尤其莖頂部分如同被棉花包覆。刺小，筆直，黃中帶橘、紅或棕色。花朵白色，花期為夏季，僅於夜間開花。

Espostoopsis dybowskii (Rol.-Goss.) Buxb.
原生地：巴西

壺花柱屬
Eulychnia

屬名由 2 個希臘文組成，eu 意思為好，而 lychnos 則是燭台或燈柱，合在一起就是「好的燭台或燈柱」。本屬分布於智利北部極為乾燥之阿他加馬沙漠 (Atacama Desert)，共有 8 個物種。壺花柱屬之中植株巨大者不流行栽種，只有植株體型較小及外觀奇特者受大家歡迎。本屬仙人掌壽命長、易栽培，但生長緩慢。

形態特徵：植株中等至高大，株高可達 1-7 公尺，有時會分枝呈叢生姿態，9-16 稜。刺座大且著有絨毛附屬物，銳刺硬且長。花朵著生於植株先端，碗形，白色或粉紅色，花期為夏季，於白天或晚上開花。果實圓形，外披覆有毛或刺，種子為棕色至黑色。

E. castanea 'Spiralis'

Eulychnia breviflora (cristata)

E. castanea 'Spiralis' (cristata)

強刺球屬
Ferocactus

屬名源自拉丁文 ferus，意思為兇猛或狂野的，指其銳刺狂放。強刺球屬仙人掌分布於美國南部至墨西哥，約有 30 個物種。過去在荒漠中旅人會尋找本屬植物，然後切取莖部上端，汲取其中的水分來喝，現今原生地住民仍會製作強刺球屬的甜點，作法為取本屬植物莖幹肉質部分，切小段後與糖熬煮而成。

形態特徵：植株呈長橢圓形。刺座大，刺厚，筆直或彎曲呈鉤狀。植株不需生長很久即具開花能力，花朵群生於植株先端。果實圓形或橢圓形，成熟時轉為黃色或粉紅色，內有大量之黑色小種子。

金冠龍
Ferocactus chrysacanthus (Orcutt) Britton & Rose
原生地：墨西哥

單幹，20-21 稜。刺有多種顏色，例如紅色、黃色或灰色，中刺大且微向下彎曲。金冠龍因刺顏色多變且相互交叉糾纏，頗具觀賞價值而受大家喜愛。

刈穗玉
F. gracilis H.E.Gates
原生地：墨西哥

刈穗玉錦
F. gracilis (variegated)

金冠龍 '紅刺'
F. chrysacanthus 'Red Spine'

F. chrysacanthus subsp.
eastwoodiae (L.D.Benson)
N.P.Taylor
原生地：美國

旋風玉
F. chrysacanthus subsp.
tortulispinus (H.E.Gates) N.P.Taylor
原生地：墨西哥

文殊丸綴化
F. echidne (cristata)

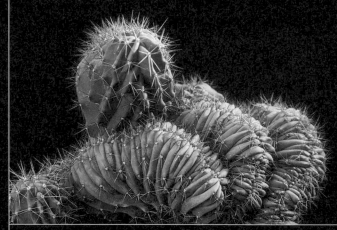

文殊丸石化
F. echidne (monstrose)

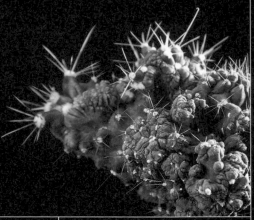

王冠龍
F. glaucescens (DC.)
Britton & Rose
原生地：墨西哥

分布於墨西哥海拔 550-2,300 公尺高之地區，自然族群數量多。植株表皮藍灰色，刺黃色且根根分明。花朵大，黃色，著生於植株先端。果實白色。

無刺王冠龍石化
F. glaucescens 'Inermis'
(monstrose)

單刺王冠龍
F. glaucescens 'Single Spine'

王冠龍錦
F. glaucescens (variegated)

大虹
F. hamatacanthus (Muehlenpf.) Britton & Rose
原生地：美國西南部至墨西哥東北部

F. hamatacanthus 'Aureispinus'

大虹錦
F. hamatacanthus (variegated)

巨鷲玉
F. herrerae J.G.Ortega
原生地：墨西哥

巨鷲玉錦
F. herrerae (variegated)

文鳥丸
F. histrix (DC.) G.E.Linds.
原生地：墨西哥中部

文鳥丸
F. histrix (DC.) G.E.Linds.

天城
F. macrodiscus (Mart.)
Britton & Rose
原生地：墨西哥中部至南部

半島玉
F. peninsulae (A.A.Weber)
Britton & Rose
原生地：墨西哥西北部

F. peninsulae 'Brevispinus'

F. peninsulae 'Brevispinus'
(monstrose)

日出丸
F. recurvus (Mill.) Borg.
原生地：墨西哥

F. recurvus 'Flavispinus'

日出丸錦
F. recurvus (variegated)

龍眼
F. viridescens (Nutt. ex Torr. & A. Gray) Britton & Rose
原生地：美國西南部至墨西哥東北部

士童屬
Frailea

屬名是為紀念美國農業部 (United States Department of Agriculture) 負責照顧仙人掌收藏之 Manuel Fraile。本屬分布於南美洲海拔 20-900 公尺高之地區，包括玻利維亞、巴拉圭、巴西、哥倫比亞、阿根廷及烏拉圭，有些士童屬仙人掌會群生於岩礫或砂質地之草叢中，有些則與蘚苔及地衣混生，原生環境中多不分枝呈單幹姿態。士童屬仙人掌為閉花授精 (cleistogamy)，即在花朵未開放下自花授粉結果，不需依靠授粉媒介或傳粉者協助授粉，十分有趣。

形態特徵：植株小，本屬有呈扁圓形不長側芽者，亦呈有圓柱狀者。表皮平滑，多為綠色或紫色。刺短，有些物種刺平貼於莖幹，刺有黃色、棕色及白色。花朵黃色，著生於植株先端刺座上，有毛或刺保護，花朵壽命僅一天。果實小，其上常有殘花、毛或刺，成熟後乾燥並轉為棕色，內有棕色或深棕色種子。

士童
Frailea castanea Backeb.
原生地：巴西南部至烏拉圭北部及阿根廷東北部
種名意思為栗子，指本種外觀呈紅棕栗子色。莖幹圓形，表皮平滑光亮。花朵鮮黃色，容易結種子。有些文獻將 F. asterioides 歸類為本種異名，而艷姬士童 (*F. castanea* 'Nitens') 之稜數則較原種少。

士童綴化
F. castanea (cristata)

艷姬士童
F. castanea 'Nitens'

天惠丸
F. cataphracta (Dams)
Britton & Rose
原生地：巴拉圭及巴西

F. mammifera Buining & Brederoo
原生地：巴西南部至阿根廷東北部

F. magnifica Buining ex Prestlé
現更名為 *F. mammifera*

F. mammifera ✕ *F. castanea*

虎之子
F. pumila (Lem.) Britton & Rose
原生地：巴拉圭南部至巴西及烏拉圭

豹之子
F. pygmaea (Speg.)
Britton & Rose
原生地：巴西南部至阿根廷及烏拉圭

Frailea sp. (variegated)

貂之子
F. phaeodisca (Speg.) Backeb. & F.M.Knuth
原生地：巴西南部至烏拉圭

貂之子綴化
F. phaeodisca (cristata)

Frailea sp. (cristata)

Frailea sp. (cristata)

帝王冠屬
Geohintonia

屬名是為紀念第一位發現本屬仙人掌之墨西哥植物學家 George Sebastion Hinton，帝王冠屬僅有一個物種，即帝王冠 (*Geohintonia mexicana*)，其分布於墨西哥海拔 1,200 公尺高之岩壁或石灰質峭壁上，原生地僅 25 平方公里，常以播種繁殖，易栽培，但生長緩慢，播種至開花需要超過十年之久。

形態特徵：單幹，圓形，不長子球，稜脊明顯，外觀為藍綠色，刺小。花朵洋紅色，著生於植株先端之花座。

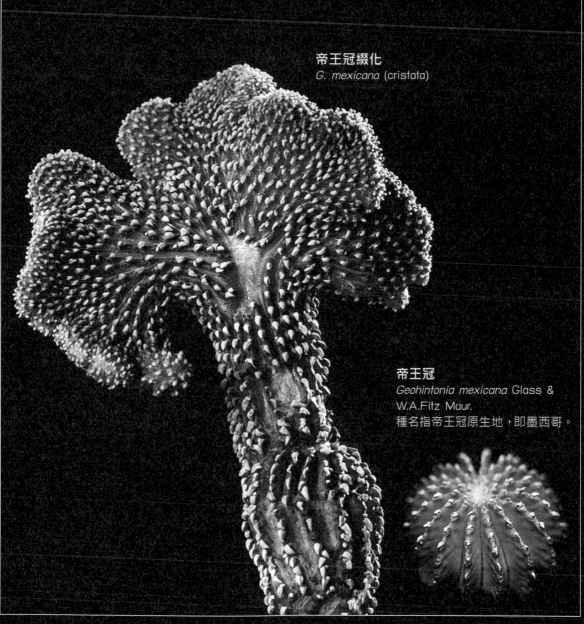

帝王冠綴化
G. mexicana (cristata)

帝王冠
Geohintonia mexicana Glass & W.A.Fitz Maur.
種名指帝王冠原生地，即墨西哥。

琥玉屬
Glandulicactus

屬名意指花朵上的蜜腺。本屬分佈範圍廣泛,可見於美國及墨西哥海拔 800-2,300 公尺高之灌木叢,或混藏在野草中。本屬只有兩個物種。

形態特徵:莖單幹,表皮像上蠟般光亮。刺大,中刺尖端彎曲呈鉤狀,且非常長。花朵著生於植株先端的刺座旁,花色為暗紅色至紅棕色,和強刺球屬 (*Ferocactus*) 仙人掌的花色相似。果實小,呈橢圓形,成熟時為紅色,內有黑色種子。

羅紗錦
G. uncinatus (Galeotti ex Pfeiff.)
Backeb.
原生地:墨西哥

Glandulicactus mathssonii (K.Schum.) Wozniak
原生地:墨西哥

Glandulicactus crassihamatus (A.A.Weber)
Backeb. (cristata)

裸萼球屬
Gymnocalycium

屬名源自希臘文的兩個字母，gymnos 的意思是裸露的，calyx 的意思是花萼，合起來意指花萼裸露或無毛。原生於南美洲阿根廷、烏拉圭、巴拉圭及玻利維亞等地區。本屬內大約有 80 個物種，常用的英文俗名為 "Chin Cactus"。本屬某些物種特別受到歡迎且價格高於其他種。本屬由人為栽培及育種已有很長的歷史，有些雜交後代具有與原生種完全不同的性狀，像是錦斑變異，有些則具有較原生種更長且大的刺，本屬耐熱性佳。

形態特徵：植株單球或由刺座上長出子球，刺具多種大小及形狀。花朵著生於近先端的刺座上，具多種花色如白色、粉紅色、綠色及黃色，白天開花、晚上花朵閉合，一朵花的花期可達 3-4 天。果實呈橢圓狀或紡錘狀，成熟時為紅色、橘色、藍綠色或亮粉紅色，內有非常多的黑色小種子。

麗蛇丸
Gymnocalycium anisitsii subsp. *damsii* (K.Schum.) G.J.Charles
原生地：巴西、玻利維亞、巴拉圭

麗蛇丸錦
G. anisitsii subsp. *damsii*
(variegated)

黃蛇丸
G. andreae (Boed.) Backeb.
原生地：僅見於阿根廷

緋花玉雜交種錦
G. baldianum hybrid (variegated)

緋花玉綴化
G. baldianum (cristata)

緋花玉
G. baldianum (Speg.) Speg.
原生地：阿根廷西北部

本種仙人掌分布於海拔 500-2,000
公尺高之地區，混雜於草叢或蕨
類中。花朵大，有多種鮮艷花色，
例如橘色、粉紅色、白色、朱紅
色等。易開花且易栽培，自然花
期為年底，但人為栽培者，則多
在年中開花。

怪龍丸
G. bodenbenderianum (Hosseus ex A.Berger) A.Berger
原生地：阿根廷北部

怪龍丸錦
G. bodenbenderianum
(variegated)

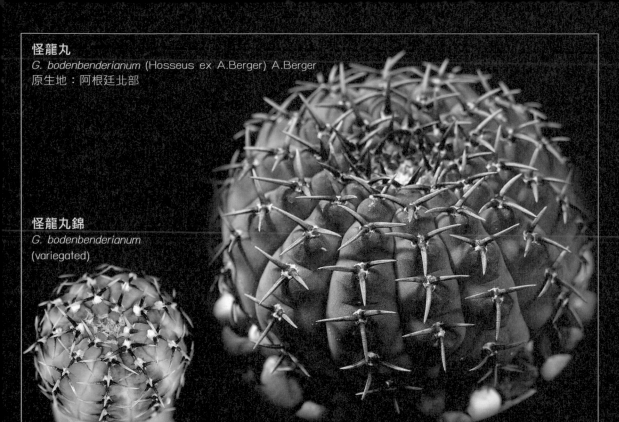

G. baldianum × *G. ochoterenae*

三刺玉
原學名為 *G. riojense* Fric ex H.Till & W.Till
現更名為 *G. bodenbenderianum*

應天門／強刺碧嚴玉
G. castellanosii Backeb.
原生地：阿根廷

原學名為 *G. ferox* 或 *G. hybopleurum*
var. *ferox*，如今為異名。

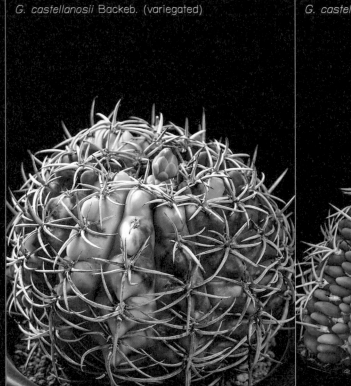

G. castellanosii Backeb. (variegated)

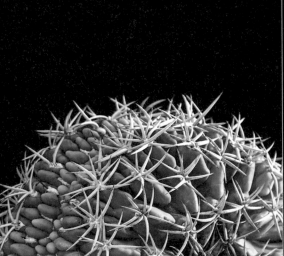

G. castellanosii (cristata)

海王丸
G. denudatum (Link & Otto) Pfeiff. ex Mittler
原生地：阿根廷、巴西、烏拉圭、巴拉圭

G. denudatum 'Kaio Maru'

G. denudatum (variegated)

維生丸
G. bruchii (Speg.) Hosseus
原生地：僅見於阿根廷

維生丸錦
G. bruchii (variegated)

良覓
G. chiquitanum Cárdenas
原生地：玻利維亞

聖王丸
G. horstii subsp.
buenekeri (Swales)
P.J.Braun & Hofacker
原生地：巴西

聖王丸錦
G. horstii subsp. *Buenekeri*
(variegated)

勇將丸
G. eurypleurum F.Ritter
原生地：巴拉圭

勇將丸錦
G. eurypleurum (variegated)

G. intertextum Backeb. ex H.Till
原生地：阿根廷

G. kieslingii O.Ferrari
原生地：阿根廷

G. kieslingii (monstrose)

G. kieslingii (monstrose)

G. mazanense 'Morikin Matenryu'
"Matenryu" 一詞為日本人對於所有 G. mazanense
的統稱，非用來稱呼特定之品種。

緋牡丹及雜交種錦
G. mihanovichii & hybrid (variegated)

一本刺 '無刺'
G. ochoterenae sp. Vatteri 'No Spine'

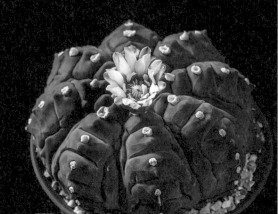

一本刺
G. ochoterenae sp. Vatteri (Buining) Papsch
原生地：阿根廷

一本刺 '單刺'
G. ochoterenae sp. Vatteri 'Single Spine'

一本刺 '單刺' 錦
G. ochoterenae sp. Vatteri 'Single Spine'
(variegated)

一本刺 '雙刺'
G. ochoterenae sp. Vatteri 'Two Spine'

一本刺錦
G. ochoterenae sp. Vatteri (variegated)

一本刺石化
G. ochoterenae sp. Vatteri (monstrose)

G. ochoterenae 'Varispinum'

此種仙人掌常和 *G. mazanense* 混淆，
辨別方法為 *G. ochoterenae* 'Varispinum'
刺座上只有三個刺，且刺較短，作為觀
賞植物販售。

G. *paraguayense* (K.Shum.)
Hosseus
原生地：巴拉圭南部

G. *paraguayense* (variegated)

G. *oenanthemum* Backeb.
原生地：阿根廷北部

瑞昌玉
G. *quehlianum* (F.Haage ex Quehl)
Vaupel ex Hosseus
原生地：阿根廷北部

瑞昌玉綴化
G. *quehlianum* (cristata)

天賜玉
G. pflanzii (Vaupel) Werderm.
原生地：阿根廷、玻利維亞

天賜玉變種 - 天紫丸
G. pflanzii 'Albipulpa'

天賜玉變種 - 天紫丸錦
G. pflanzii 'Albipulpa' (variegated)

天賜玉變種 - 天紫丸綴化
G. pflanzii 'Albipulpa' (cristata)

G. parvulum (Speg.) Speg.
原生地：阿根廷

新天地
G. saglionis (Cels) Britton & Rose
原生地：阿根廷西北部

新天地綴化
G. saglionis (cristata)

新天地錦
G. saglionis (variegated)

波光龍 / 龍華丸 / 新天龍
G. schickendantzii (F.A.C.Weber) Britton & Rose
原生地：阿根廷北部

G. schickendantzii (cristata)

紫冠玉／黑羅漢丸（和名）；拉根（大陸種名音譯名）
G. ragonesei A.Cast.
原生地：阿根廷北部

為稀有物種，在自然界僅分布於 100 平方公里範圍內，海拔 100-200 公尺高之鹽鹼地草原。圓球形短莖，表皮為綠褐色。刺短，明顯與本屬其他物種不同。

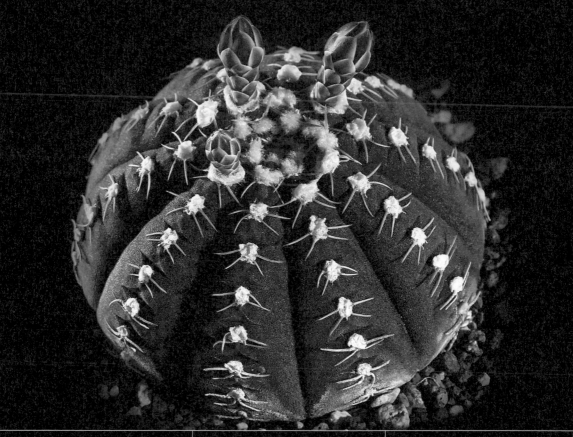

紫冠玉石化
G. ragonesei (monstrose)

天平丸
G. spegazzinii Britton & Rose
原生地：阿根廷北部

G. spegazzinii (cristata)

光淋玉
G. spegazzinii sp. cardenasianum (F.Ritter) R.Kiesling & Metzing
原生地：玻利維亞

光淋玉錦
G. spegazzinii sp.
cardenasianum (variegated)

Gymnocalycium hybrid

Gymnocalycium hybrid
(variegated)

Gymnocalycium hybrid
'Multi Ribs'

臥龍柱屬
Harrisia

屬名源自在牙買加島上進行植物分類研究的學者—William Harris，本屬植物原生地包含阿根廷、巴拉圭、巴西、玻利維亞、烏拉圭及美國等地，至少有 17 個物種。一般不作為觀賞用植物，而是作為其他仙人掌嫁接時的砧木，因其強壯、耐受性強，適應多種土壤、價格便宜且常見。

形態特徵：本屬分為兩個亞屬，*Harrisia* 亞屬分布於美國及加勒比海地區，莖幹如樹木般高大；而 *Eriocereus* 亞屬則分布於南美洲，莖蔓生。兩個亞屬雖然生長習性不同，但開花及結果特性相同。花朵著生於刺座上，且具有刺。花朵大、漏斗狀、白色，夜間開花，壽命僅一天，具淡淡的香氣。果實橢圓形，成熟時為黃色或紅色，內有黑色種子。

香茅柱
Harrisia fragrans Small ex Britton & Rose
原生地：美國

此種稀有的仙人掌在世界上僅見於美國佛羅裡達州。現今因棲息地受到威脅，在自然族群已瀕臨滅絕。花莖長度可長達 20 公分，具香味，只在夜間開花。

袖浦
Harrisia 'Jusbertii'

此品種之來源仍是一個謎團，自然界中並無本品種族群，推測為 *Harrisia* 屬與 *Echinopsis* 屬的屬間雜交子代，如以雜交品種表示時，正確屬名為 × *Harrisinopsis*，但部份人士認為本種是嵌合體。起初開始栽種本品種的起因是日本約 30 年前下單進口作為砧木使用，現在也常作為嫁接時的砧木。

袖浦錦
Harrisia 'Jusbertii' (variegated)

仙人棒屬
Hatiora

此屬的屬名是來自一位 16 世紀植物學家 Thomas Hariot 的名字。原生於巴西南部海拔 300-2,000 公尺高之熱帶雨林中，附生於其他植物或岩石上。栽培容易，廣泛作為觀賞植物栽培，以扦插繁殖。

形態特徵：莖幹為圓柱或扁平節節相接成長條狀，深綠色，表皮光滑，無刺。小花由長條狀的莖幹先端長出，花被有黃色、粉紅色或紅色，花期一般是在涼爽的季節，白天開花。

猿戀葦
Hatiora salicornioides Britton & Rose
原生地：巴西

H. salicornioides forma *bambusoides*
(F.A.C.Weber) Süpplie
原生地：巴西

三角柱屬
Hylocereus

分佈於南美洲熱帶地區之森林,從海拔 0-2,200 公尺高之地區均可見得。栽培容易,以扦插繁殖,可作為其他仙人掌嫁接時的砧木。本屬中的「火龍果」為經濟作物之一,其果實味道非常受到大眾喜愛。

形態特徵:中大型植株,枝幹呈圓柱狀,具攀緣性,枝條可達 10 公尺長。莖幹稜脊明顯,一般為三稜。花朵大、花被為白色,有些種類則為紅色,具有淡淡的香氣。果實大,橢圓狀或梭狀,成熟時轉為紅色,果實可食用,內有大量黑色種子。

火龍果
Hylocereus undatus (Haw.) Britton & Rose
原生地:南美洲熱帶地區

栽培歷史悠久,生長良好,現今有愈來愈多新品種育成。果肉味道佳,為相當受到歡迎而廣泛栽培的水果,有許多不同的品系。果實高纖維、低熱量,對健康有益。

H. *costaricensis* (variegated)

Hylocereus sp. (variegated)

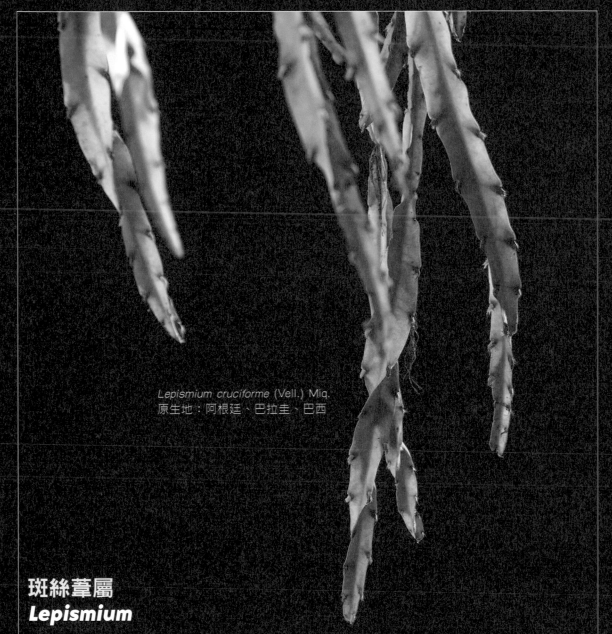

Lepismium cruciforme (Vell.) Miq.
原生地：阿根廷、巴拉圭、巴西

斑絲葦屬
Lepismium

　　屬名源自於希臘文 lepisma，意思是鱗片狀或貝殼狀，指刺座旁細小如鱗片的附屬物，此性狀與絲葦屬 (*Rhipsalis*) 相似，但本屬分枝姿態較不漂亮，刺亦較多。分佈範圍於南美洲的玻利維亞、阿根廷、巴拉圭、烏拉圭及巴西等地區。在自然界中分佈於海拔 300-2,050 公尺高之雨林區，附生於大型植物或岩石上，本屬約有 14 個物種。在市面上一般以吊盆販售，栽培容易，常以扦插繁殖。

　　形態特徵：附生類仙人掌，莖有稜脊或扁平狀，具稜角，會分枝，垂懸長度可達兩公尺，呈叢生姿態。莖幹光滑，綠色，具有小刺或無刺。花朵小，呈鐘狀，花朵基部聯合呈管狀與莖相連，花被有數種顏色，例如橘色或白色等。果實橢圓形，可能有稀疏的小刺保護，果實有多種顏色，如紫色、粉紅色等，內有黑色或深棕色小種子。

L. houlletianum (Lem.) Barthlott
原生地：巴西東部

光山屬
Leuchtenbergia

屬名是為紀念德國洛伊希滕貝格 (Leuchtenberg) 公爵 Maximilian Eugen Joseph。本屬最早於西元 1846 年引進歐洲，2 年後被命名發表，本屬只有一個物種，花朵及果實性狀與仙人球屬 (*Echinocactus*) 相似，但株形卻差很多。本屬可與強刺球屬 (*Ferocactus*)、星球屬 (*Astrophytum*) 及仙人球屬 (*Echinocactus*) 雜交。生長緩慢，喜全日照，介質須排水良好，光線不足時易徒長，原生地的墨西哥人會將其作為藥草。

　　形態特徵：地下部有肥大的莖幹，疣狀突起藍灰色，柱狀，長 6-12 公分，呈堆疊姿態，質地堅硬，疣狀突起末端為小叢的軟刺，外觀與龍舌蘭屬 (*Agave* sp.) 相似，所以又別名 Agave Cactus。花朵大，黃色，著生於植株先端中間出，於白天開花，花朵壽命可長達好幾日。果實圓形，果皮綠色，內有黑色的小種子。

光山
Leuchtenbergia principis Hook.

光山錦
L. principis (variegated)

光山石化
L. principis (monstrose)

麗花球屬
Lobivia

屬名為玻利維亞 (Bolivia) 國名拼字之重組，該國為第一次發現本屬仙人掌之地。有些文獻將本屬分類在大棱柱屬 (*Echinopsis*)，有超過 30 個物種，及無數的雜交子代。欣賞重點在於花朵，而非莖幹。原生於玻利維亞、智利、阿根廷及祕魯，海拔 1,000-4,000 公尺高之草原或岩石區。一般以種子或扦插繁殖。

形態特徵： 植株常見呈單幹扁球形，刺呈彎曲狀或筆直狀。當植株達一定成熟度，會長出側芽，使中央的莖幹粗，而側芽則依生長順序圍繞在主幹周圍。花朵著生於刺座、錐形、白天開花，花朵壽命約 1-2 天。果實小，呈圓形或橢圓形，成熟時開裂，內有黑色小種子。

Lobivia aurea (Britton & Rose) Backeb.
原生地：阿根廷

L. aurea (monstrose)

美艶丸
L. schieliana Backeb.
原生地：祕魯、玻利維亞

麗花球屬雜交種綴化 + 錦
Lobivia hybrid (cristata & variegated)

陽盛丸
L. famatimensis (Speg.)
Britton & Rose

麗花球屬雜交種錦
Lobivia hybrid (variegated)

麗花球屬雜交種
Lobivia hybrid

現今常以本屬仙人掌進行種間雜交，以育成許多不同顏色及外觀性狀的雜交種，又或者與 *Echinopsis* 屬（仙人球屬）進行屬間雜交，產生不同花色及花形的子代，而有時嫁接植株也會產生花色變異，所以若要獲得與母株相同性狀的子代，只能以分株法來繁殖。

這些雜交子代多數並無確定的命名，有些子代儘管有外國育種家命名，但目前尚無官方組織或協會正式接受本屬雜交子代的命名，因此常以雜交子代的花色或其他花朵性狀命名。

麗花球 '邱比特'
Lobivia 'Jupiter'

鍾叔叔的小屋 (Uncle Chorn's Cabin) 栽培園育出的雜交種。育種者為 Phukhao Chakasik 並將其推廣至市場。

麗花球 '頑皮豹'
Lobivia 'Pink Panther'

鍾叔叔的小屋 (Uncle Chorn's Cabin) 栽培園育出的雜交種。育種者為 Phukhao Chakasik 並將其推廣至市場。

麗花球 '粉彩'
Lobivia 'Pink Pastel'

泰國植物沙仙人掌園育出的雜交種。育種者為 Marut Pichetvit 並將其推廣至市場。

麗花球 'M.P. 003 大火球'
Lobivia 'M.P. 003 Big Fireball'

泰國植物沙仙人掌園育出的雜交種。育種者為 Marut Pichetvit 並將其推廣至市場。

麗花球 ‘粉紅佳人’
Lobivia ‘Pink Lady’

鍾叔叔的小屋 (Uncle Chorn's Cabin) 栽培園育出的
雜交種。育種者為 (Phukhao Chakasik 並將其推廣至
市場。

麗花球 ‘初戀’
Lobivia ‘First Love’

鍾叔叔的小屋 (Uncle Chorn's Cabin) 栽培園育出的
雜交種。育種者為 Phukhao Chakasik 並將其推廣至
市場。

麗花球 ‘日初’
Lobivia ‘Sunrise’

鍾叔叔的小屋 (Uncle Chorn's Cabin) 栽培園育
出的雜交種。育種者為 Phukhao Chakasik 並
將其推廣至市場。

麗花球屬
新昭和 (Shinshowa) 花形
用來稱呼花瓣細窄如線條狀，
與原本花瓣寬大性狀不同之麗
花球屬仙人掌，為新育成的性
狀，花色變化尚不多。

神閣柱屬
Lophocereus

屬名意指具有林立的刺 (Lopho) 的仙人柱屬 (*Cereus*) 植物。原生地在美國及墨西哥，分布於美國及墨西哥交界的索諾拉沙漠 (Sonoran Dessert)、美國亞利桑那州，海拔 600-2,500 公尺高之處。本屬有 2 個物種，有些文獻將之歸類在 *Marginatocereus* 屬。

形態特徵：大型仙人掌，株高可達 5 公尺以上，分支性低。花朵著生於刺座上，白色或淺粉紅色，夜間開花，開花時會產生強烈的氣味吸引夜蝶類幫助授粉。果實偏圓形，成熟時呈現紅黃色或橘色，可食用。

福祿壽綴化
L. schottii (cristata)

福祿壽石化
Lophocereus schottii (monstrose)

烏羽玉屬
Lophophora

屬名源自兩個希臘字，分別為 phoreus 及 lophos，意思為刺座上具有濃密的毛狀附屬物，特徵為在先端的刺座處開花。本屬仙人掌以莖幹中的生物鹼 (alkaloid) 聞名，特別是烏羽玉 (*Lophophora williamsii*)，在當地原住民中稱之為 'Peyote'，食入會有麻醉的效果，先是昏昏欲睡，接著產生幻覺。此特性早已為人所知，且被原住民應用在各種儀式上已有數百年的歷史。雖然文獻記載西班牙探險家很早即已發現烏羽玉，但遲至西元 1845 年才正式以 *Echinocactus williamsii* 為名發表本物種，而在西元 1894 年首次歸類為烏羽玉屬。本屬分布於美國德克薩斯州南部、墨西哥東部及北部。本屬現今已選育出不少新的雜交種，且持續選育形狀奇異的新品種，受到仙人掌玩家們歡迎。生長緩慢，喜愛光線充足及排水良好的環境。

翠冠玉綴化
Lophophora diffusa (cristata)

形態特徵：具可貯藏養分的地下根，莖短圓球形呈扁圓球形，表皮光滑，呈灰綠色，疣狀些微突起，刺座著生白色的短毛狀附屬物，有些品種則是著生蓬鬆的毛狀附屬物。刺座無刺，但植株先端則覆有濃密蓬鬆的毛狀附屬物。幼苗單幹，隨植株長大而開始長側芽。花小，由莖頂中間的刺座處著生，淡白色或粉紅色。果實小，呈長橢圓形，為粉紅色或紅色，內有黑色小種子。

翠冠玉
L. diffusa (Croizat) Bravo
原生地：墨西哥

銀冠玉
L. fricii Haberm.
原生地：墨西哥北方

銀冠玉錦
L. fricii (variegated)

微型烏羽玉
Lophophora alberto - vojtechii
Bohata, Myšák & Šnicer
原生地：墨西哥

喬丹烏羽玉
L. jourdaniana Haberm.

考氏翠冠玉
L. koehresii (Ríha) Bohata,
Myšák & Šnicer

烏羽玉
......lliamsii (Lem. ex Salm - Dyck) J.M.Coult.
原生地：美國德克薩斯州及墨西哥

烏羽玉綴化
......lliamsii (cristata)

子吹烏羽玉
L. williamsii 'Caespitosa'

子吹烏羽玉錦
L. williamsii 'Caespitosa' (variegated)

雄叫武者屬
Maihueniopsis

　　起初被歸類於仙人掌屬 (*Opuntia*)，後來在 1925 年，Carlo Luigi Spegazzini 將之歸類為新的一屬。本屬屬名是指性狀與 *Maihuenia* 屬仙人掌相似的植物。原生地為秘魯、智利、阿根廷及玻利維亞，海拔 25-4,850 公尺高之沙地或岩地，呈群生姿態。一般認為本屬有超過 13 種，為可在氣候寒冷之地生存的仙人掌之一。

　　型態特徵：株形為圓形或橢圓形的莖幹節節相接，植株易生側芽，常見呈叢生或群生形態。具有地下貯藏根，有些品種具有長且密集的尖刺，有些品種刺則較小。花黃色、橘色或紅色。果實呈黃綠色，成熟後產生大的淡黃色種子。

足球
Maihueniopsis bonnieae (D.J.Ferguson & R.Kiesling) E.F.Anderson
原生地：墨西哥

東雲球節
M. darwinii var. *hickenii* (Britton & Rose) R.Kiesling
原生地：阿根廷

足球錦
M. bonnieae (variegated)

姬武藏野
M. glomerata (Haw.) R.Kiesling
原生地：阿根廷

鵝鳥和尚
M. ovata (Pfeiff.) F.Ritter
原生地：阿根廷

乳突球屬
Mammillaria

屬名來自於拉丁文 mammilla，意指仙人掌的疣狀突起。原生地在美國西南部、墨西哥、加勒比海群島國家，至哥倫比亞、委內瑞拉之乾燥地區。本屬具有 400 多個物種，變異性高，且廣受栽培者歡迎。在國外有許多本屬的愛好者，甚至成立乳突球屬之協會。好光，喜通風、排水良好的環境，可以播種或分株繁殖。

形態特徵：莖幹為單株或分株呈叢狀形態。形狀為圓球狀或圓柱狀，植株大小不一，有些物種植株內含有乳膠。疣狀突起明顯隆起，刺具有多種顏色及型態，從柔軟的毛狀附屬物到堅硬的利刺皆有。花朵著生於植株先端的疣狀突起腋處，花苞圍繞植株成圈，會同時綻放形成群花環繞的姿態。花小，具有許多種顏色，包括白色、黃色、橙色、紅色、粉紅色、紫色等，鐘型花或錐形花，有些種類具有香味。果實為小型圓柱狀或棍棒狀，成熟時會突出外露，果實有多種顏色，如紅色、黃色、白色、粉紅色等，內有黑色小種子。

依據本屬外觀性狀的不同，有些文獻將之再細分為 6 個亞屬，分別是 *Mammilloydia* 亞屬、*Oecmea* 亞屬、*Dolichothele* 亞屬、*Cochemiea* 亞屬及 *Mamilliaria* 亞屬。

淡雪丸
Mammillaria albicoma Boed.
原生地：墨西哥東北部及中部

秀明殿
M. albicans subsp. *fraileana*
(Britton & Rose) D.R.Hunt
原生地：墨西哥

櫻富士
M. boolii G.E.Linds.
原生地：墨西哥西北方索諾拉州
海濱地區

櫻富士錦
M. boolii (variegated)

M. boolii 'M.P. 01'

風流丸
M. blossfeldiana Boed.
原生地：墨西哥西北方

豐明丸
M. bombycina Quehl
原生地：墨西哥

豐明丸錦
M. bombycina (variegated)

橙心丸
M. backebergiana F.G.Buchenau
原生地：墨西哥中部

御光丸
M. carretii Rebut ex K.Schum.
原生地：墨西哥西北方

郎琴丸
M. beneckei Ehrenb.
原生地：墨西哥西方

是乳突球屬中分布廣泛
的一種，一般可見於墨
西哥乾燥的常綠林帶、
海拔 50-800 公尺高之地
區。花朵橘黃色，是乳
突球屬中栽培最容易、
耐性最強的種之一。

郎琴丸錦
M. beneckei (variegated)

貝氏乳突
M. bertholdii Linzen
原生地：墨西哥

為西元 2014 年由 Andreas Berthold 所發現之新
乳突球屬物種，在自然界中很少見，植株埋藏
在地下，透過部分枝幹伸出土表以獲取光線，
開花與黑牡丹 (*Ariocarpus kotschoubeyanus*) 相
似，為瀕臨絕種的物種。明顯特色是具有與 *M. pectinifera* 相似的長條狀刺座。花朵為桃紅色。

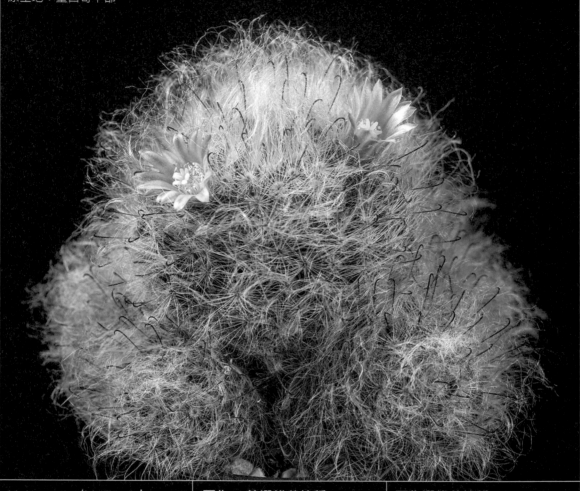

高砂
M. bocasana Poselg.
原生地：墨西哥中部

M. bocasana ʻMultilanataʼ

石化 ＋ 錦選拔栽培種
M. bocasana ʻDwarf Fredʼ

石化選拔栽培種
M. bocasana ʻFredʼ

鬼裝殿

M. bucareliensis 'Erusamu'

此種乳突球由日本人改良選育而出，特徵是在疣狀突起先端以及稜脊之間有蓬鬆的毛狀附屬物，不同個體的毛狀附屬物分佈形態有差異。有些植株會有一些殘留的小刺。花朵為粉紅色。

M. bucareliensis R.T.Craig
原生地：墨西哥

鬼裝殿錦
M. bucareliensis 'Erusamu'
(variegated)

鬼裝殿石化
M. bucareliensis (monstrose)

卡爾梅娜／嘉汶丸
M. carmenae Castañeda
原生地：墨西哥中部

種名源自於教授 Carmen Gonzales-Castañeda 的名字，為記錄本物種植物學性狀的 Marcelino Castañeda 之妻子。本物種於西元 1953 年發現並採集回去人工栽培，但卻栽種失敗，直到西元 1977 年才再次發現野生種，在 23 平方公里的自然界棲息地內不到 100 個植株，非常稀有，為瀕臨滅絕的物種。如今有許多植物園與栽培場有栽培，且產生不同的突變個體，例如石化和綴化等變異。

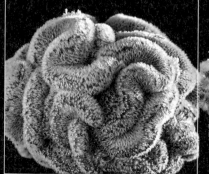

卡爾梅娜綴化
M. carmenae (cristata)

卡爾梅娜石化
M. carmenae (monstrose)

白龍丸
M. compressa DC.
原生地：墨西哥中部

為乳突球屬中最大型的物種之一，分布範圍廣泛，可見於海拔 1,000-2,400 公尺高之處。幼苗單幹，隨植株長大而開始長側芽。果實可食用。

白龍丸
'Hakuryu Cream Nishiki'
M. compressa
'Hakuryu Cream Nishiki'

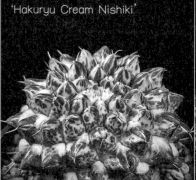

白龍丸綴化
M. compressa (cristata)

白龍丸 'Yokan'
M. compressa 'Yokan'

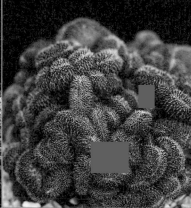

蒼白旗
M. chica Repp.
原生地：墨西哥科阿韋拉州

櫻月
M. candida Scheidw.
原生地：墨西哥東北部

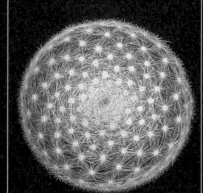

昆崙丸
M. columbiana Salm-Dyck
原生地：墨西哥、瓜地馬拉、宏
都拉斯、尼加拉瓜、哥斯大黎加、
巴拿馬、牙買加、委內瑞拉、哥
倫比亞

M. columbiana subsp.
yucatanensis (Britton & Rose)
D.R.Hunt
原生地：墨西哥

**春峰丸 / 白姬丸 / 黃綾丸 (日
韓名)**
M. celsiana Lem.
原生地：墨西哥

紫光丸 / 菊慈童
M. cowperae Shurly
原生地：墨西哥

夢黃金
M. dixanthocentron Backeb.
原生地：墨西哥南部

Mammillaria 'Golden Navajo'

銀紗丸
Mammillaria 'Ginsa Maru'

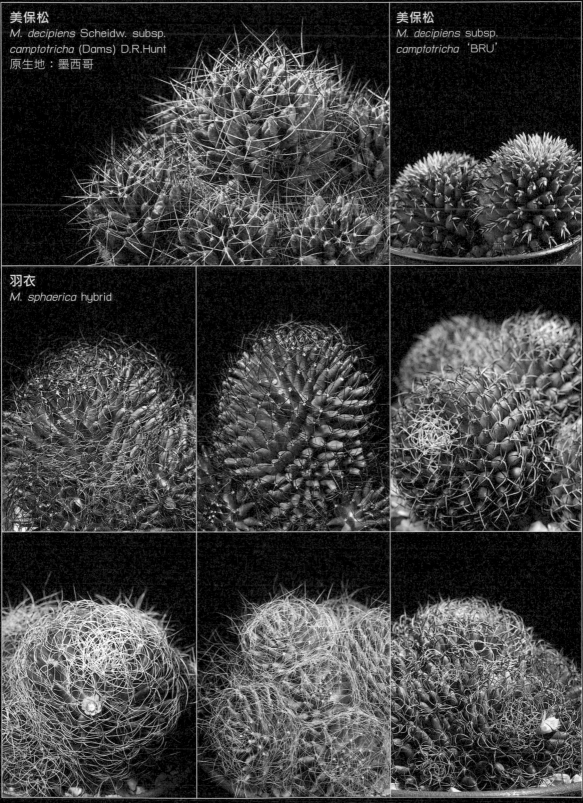

美保松
M. decipiens Scheidw. subsp.
camptotricha (Dams) D.R.Hunt
原生地：墨西哥

美保松
M. decipiens subsp.
camptotricha 'BRU'

羽衣
M. sphaerica hybrid

金手指

M. elongata DC.

原生地：墨西哥中部

植株莖幹長，會分枝形成小型叢狀外觀。刺顏色多種，從黃色至紅棕色等變化。有些品種名是以第一位引種者的名字命名。

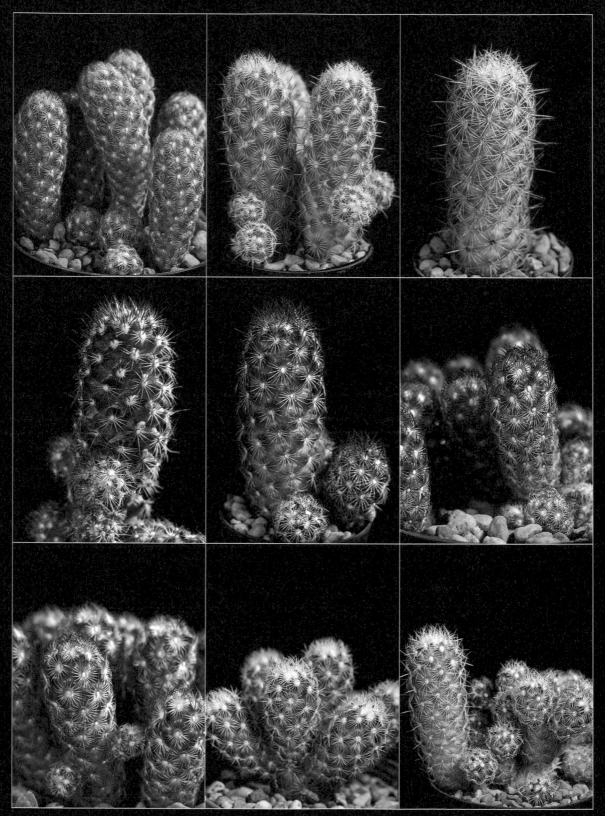

金手指石化
M. elongata (monstrose)

金手指石化
M. elongata (monstrose)

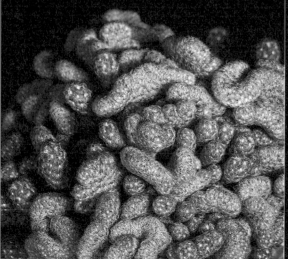

金手指綴化
M. elongata (cristata)

白玉兔
M. geminispina Haw.
原生地：墨西哥中部

白玉兔綴化
M. geminispina (cristata)

豐明殿
M. grahamii Engelm.
原生地：美國西南部

利久丸
M. guerreronis (Bravo) Boed.
原生地：墨西哥西南部

銀手毬
M. gracilis Pfeiff.
原生地：墨西哥東部至中部

銀手毬錦
M. gracilis (variegated)

**銀手毬雜交種 /
明日香姬 '雪球'**
M. gracilis hybrid 'Oruga'

明日香姬 '雪杯'
M. gracilis 'Arizona Snow'

麗光殿
M. guelzowiana Werderm.
原生地：墨西哥西北部

優婉丸
M. deherdtiana Farwig
原生地：墨西哥西南部

雪月花
M. haageana Pfeiff.
原生地：墨西哥東南部與中部

御晃丸
M. gaumeri Orcutt
原生地：墨西哥

白鳥
M. herrerae Werderm.
原生地：墨西哥

杜威丸
M. duwei Rogoz. & Appenz.
原生地：墨西哥
(左：有中刺的型態，右：無中刺的型態)

春星
M. humboldtii Ehrenb.
原生地：墨西哥東部及中部

M. humboldtii 'Elegans'

春星錦
M. humboldtii (variegated)

神慧
M. huitzilopochtli D.R.Hunt
原生地：墨西哥

種名源自於阿茲特克人的戰神及太陽神—Huitzilopochtli 之名。本種刺形態多變，有些具長中刺，有些非常短。植株成熟後，若在良好的環境種植得宜，花苞多，花開時可以環繞莖幹呈圈，花色為粉紅色。在自然界中花期為十月至十二月。

神慧石化
M. huitzilopochtli (montrose)

M. huitzilopochtli subsp.
Niduliformis (A.B.Lau) Pilbeam
原生地：墨西哥

槍騎丸
M. johnstonii (Britton & Rose) Orcutt
原生地：墨西哥西北部

M. knipelliana Quehl
原生地：墨西哥

金洋丸
M. marksiana Krainz
原生地：墨西哥西北部

白蛇丸
M. karwinskiana subsp. *nejapensis*
(R.T.Craig & E.Y.Dawson) D.R.Hunt
原生地：墨西哥南部

白蛇丸錦
M. karwinskiana subsp.
nejapensis (variegated)

玉翁
M. hahniana Werderm.
原生地：墨西哥中部

M. laui D.R.Hunt
原生地：墨西哥東部及中部

本種在原生地僅分布於約 100 平方公里的狹小範圍內。因受走私盜賣，目前處於瀕臨絕種的狀態。現在是墨西哥的保育種，但一直有黑市走私販售的情形。

金星
M. longimamma DC.
原產地：墨西哥中部

金星石化
M. longimamma (monstrose)

金星錦
M. longimamma (variegated)

金星綴化
M. longimamma (cristata)

松針牡丹
M. luethyi G.S.Hinton
原生地：墨西哥

松針牡丹綴化
M. luethyi (cristata)

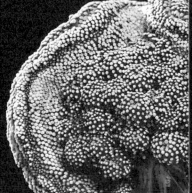

魔美丸
M. magallanii Schmoll ex
R.T.Craig
原生地：墨西哥北部

京舞
M. magnifica F.G.Buchenau
原生地：墨西哥中部至南部

由 Francisco G. Buchenau 首次發
現，但再次調查時卻未在發現地
找到本物種蹤跡。直到後來才有
人於另一處海拔 1,000-1,550 公尺
高之陸峭懸崖發現。特色為是具
有刺的乳突球屬物種之一。

明豐丸
M. perezdelarosae Bravo &
Scheinvar
原生地：墨西哥

明豐丸綴化
M. perezdelarosae (cristata)

茶先丸
M. mammillaris (L.) H.Karst.
原生地：委內瑞拉及加勒比海地
區的群島

茶先丸錦
M. mammillaris (variegated)

紅刺仙人球
M. mazatlanensis K.Schum.
原生地：墨西哥西北部海岸
原學名為 *M. occidentalis* Boed.

紅刺仙人球錦
M. mazatlanensis (variegated)

紅刺仙人球雜交種
M. mazatlanensis hybrid

朝霧錦
M. microhelia (variegated)
原生地：墨西哥

朝霧
M. microhelia Werderm.
原生地：墨西哥中部

朝日丸
M. rhodantha Link & Otto
原生地：墨西哥中部

M. rekoi subsp. *leptacantha*
(A.B.Lau) D.R.Hunt
原生地：墨西哥南部

陽炎
M. pennispinosa Krainz
原生地：墨西哥

陽炎綴化
M. pennispinosa (cristata)

月宮殿
M. senilis Lodd. ex Salm-Dyck
原生地：墨西哥西北部

金銀司
M. nivosa Link ex Pfeiff.
原生地：古巴及西印度群島

金銀司綴化
M. nivosa (cristata)

金銀司石化
M. nivosa (monstrose)

金銀司雜交種
M. nivosa hybrid

白協子

M. pectinifera F.A.C.Weber

原生地：墨西哥東南部及中部

最初被歸類在斧突球屬 (*Pelecyphora*) 及白鱗球屬 (*Solisia*)。為乳突球屬中生長緩慢的物種之一。花期約為每年十二月至三月，從莖部靠近先端處開出淡粉紅色花朵。實生苗需至少 8 年才會開花結子，因此一般常以扦插繁殖。自然族群稀少且瀕臨絕種，受《華盛頓公約》(CITES) 所保護，位列附錄一，除進行學術研究或育種，經進口國核準外，不得進行跨國貿易。

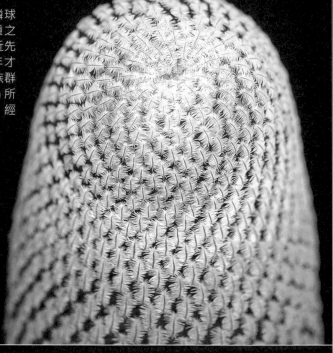

M. pectinifera (cristata)

白星

M. plumosa F.A.C.Weber

原生地：墨西哥東北部

植株年幼時為單球，隨株齡增加增生側芽而呈群生姿態。全株披覆緻密的白色毛狀軟刺，可防止植株曬傷。花朵著生於疣狀突起腋處，白色或黃色，現今已育成花朵為粉紅色及刺性狀不同之變異白星，有些花朵具香味。以分株或播種繁殖。

白星 '粉紅花'

M. plumosa 'Pink Flower'

大福丸

M. perbella Hildm. ex K.Schum.
原生地：墨西哥中部

本種分布於海拔 1,500-2,800 公尺之地區，但於平地環境中適應良好。容易栽培，壽命長達數十年。植株年幼時為單球，栽植達一定株齡後，大福丸球頂分生組織會分裂為二，形成二叉狀莖頂，稱為"貓頭鷹的眼睛"。花朵粉紅色。果實橢圓形，洋紅色。以播種繁殖。

大福丸雜交種錦

M. perbella hybrid (variegated)

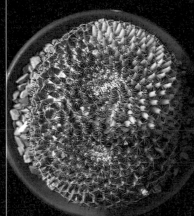

大福丸雜交種

M. perbella hybrid

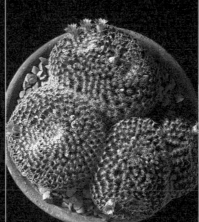

松霞
M. prolífera (Mill.) Haw.
原生地：墨西哥東北部至美國南部及古巴

M. prolifera subsp. *multiceps*
(Salm-Dyck) U.Guzmán

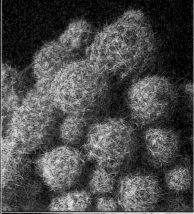

松霞綴化
M. prolifera (cristata)

羽毛丸
M. sanchez-mejoradae R.González
原生地：墨西哥

本種為迷你形之乳突球屬仙人掌，直徑不超過3公分。原生地範圍狹小不到1平方公里，且族群數量不足500株，為世界上瀕臨絕種的物種之一。刺為羽毛狀且柔軟。花朵白色帶粉紅色，性喜冷涼氣候，於平地栽培不易開花。

明星

M. schiedeana Ehrenb. ex Schltdl.

原生地：墨西哥東部至中部

種名源自德國植物學家 Christian Julius Wilhelm Schiede 之名，分布於海拔 1,300-1,600 公尺高之地區。莖幹圓形，側芽旁生，刺為羽毛狀且柔軟。花朵白色，花期為冬季。果實長橢圓形，成熟後為黃色或紅色，內有黑色的小種子，種子洗淨陰乾後可供播種用。明星的栽培歷史長，為乳突球屬中相當受歡迎的仙人掌之一。明星易栽培，性喜強光、通風及排水良好的環境。

除此之外，本物種具有兩個亞種，一為 *M. schiedeana* subsp. *giselae*，每個刺座有 16-21 個副刺，花朵為粉紅色；另一為 *M. schiedeana* subsp. *dumetorum*，每個刺座約有 50 個副刺，花朵為象牙白色。後經種間雜交，育成許多不同的花色。

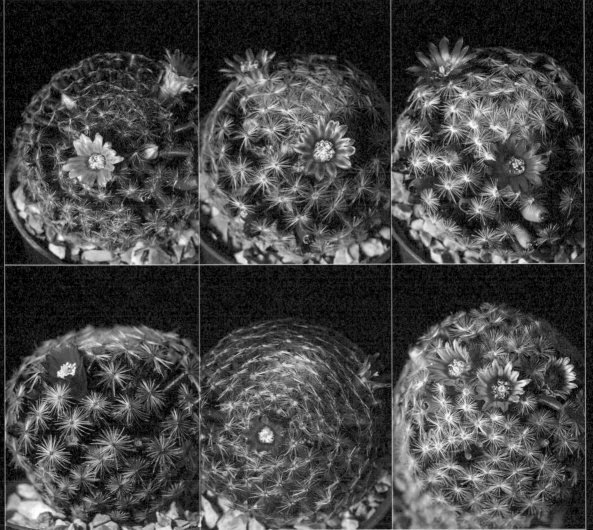

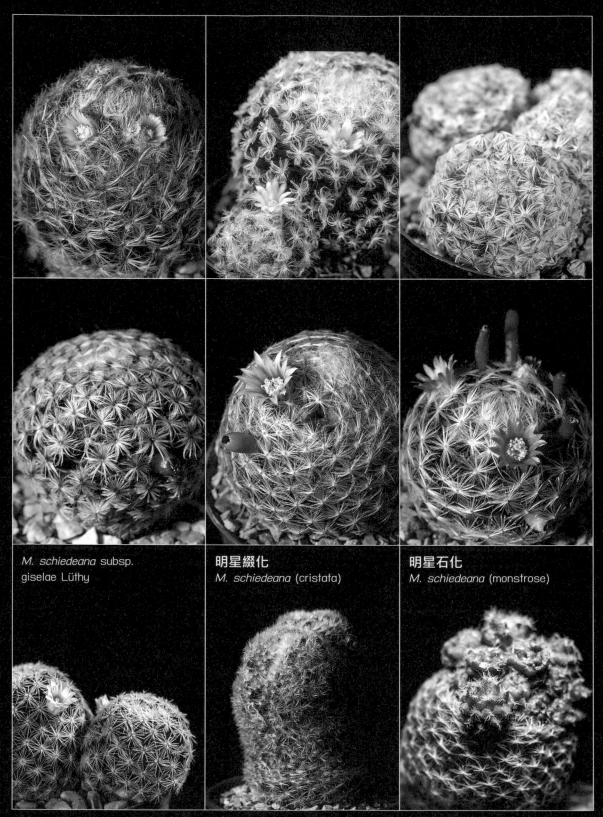

M. schiedeana subsp.
giselae Lüthy

明星綴化
M. schiedeana (cristata)

明星石化
M. schiedeana (monstrose)

蓬萊宮
M. schumannii Hildm.
原生地：墨西哥

最初蓬萊宮因果實性狀與本屬其他物種不同、花朵大且著生於植株先端，而被歸類為蓬萊球屬 (*Bartschella*) 仙人掌，但現今已歸類於乳突球屬中。本種特徵為植株藍灰色，白刺先端呈深褐色，中刺先端略彎似魚鉤。植株年幼時為單球，隨株齡增加而長出子球。花朵有多種顏色，從淡粉紅色至深粉紅色，或是粉紅色鑲白色邊等。授粉成功後，果實會藏身於莖幹中，並在接近成熟時才突出可見，果實鮮橘色，內有少量的黑色小種子。

蓬萊宮錦
M. schumannii (variegated)

蓬萊宮 單刺'
M. schumannii 'Single Spine'

蓬萊宮綴化
M. schumannii (cristata)

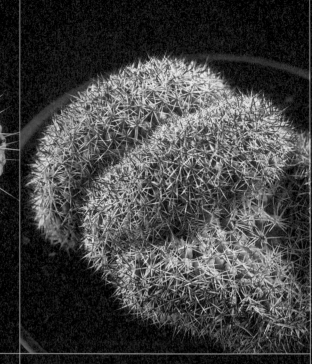

蓬萊宮石化
M. schumannii (monstrose)

蓬萊宮石化 + 錦
M. schumannii (monstrose & variegated)

蓮華丸
M. sempervivi DC.
原生地：墨西哥東部至中部

蓮華丸綴化
M. sempervivi (cristata)

蓮華丸錦
M. sempervivi (variegated)

羽衣
M. sphaerica A.Dietr.
原生地：墨西哥東北部至德克薩斯州東南部

羽衣錦
M. sphaerica (variegated)

沙堡疣
M. saboae Glass
原生地：墨西哥西北部
種名源自於美國仙人掌栽培家 Kathryn Sabo 之名，其曾在西元 1980 至 1981 年間擔任美國仙人掌與多肉協會 (American Cactus and Succulent Society) 的主席。沙堡疣分布於海拔 2,000 公尺的高山地區，在炎熱潮濕的環境種植容易腐爛。較常以嫁接法繁殖，播種法較少使用，但播種繁殖之實生苗優點為根系較易肥大貯藏養分，所以實生苗較嫁接苗強健，抗耐性也較佳。

猩猩丸
M. spinosissima Lem.
原生地：墨西哥中部

芳泉丸
M. spinosissima subsp.
pilcayensis (Bravo) D.R.Hunt
原生地：墨西哥

白珠丸綴化
M. spinosissima 'UN PICO' (cristata)

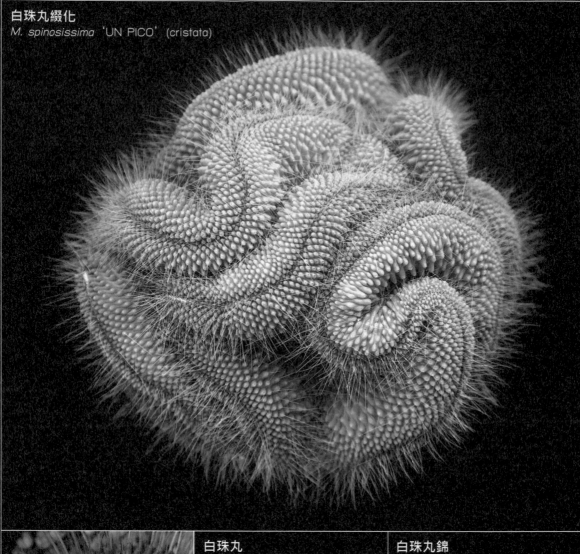

白珠丸
M. spinosissima 'UN PICO'

白珠丸錦
M. spinosissima 'UN PICO'
(variegated)

斷琴丸
M. vagaspina 'Helen'

斷琴丸 'Helen' 雜交種
M. vagaspina 'Helen' hybrid

斷琴丸 'Helen' 石化
M. vagaspina 'Helen' (monstrose)

黛絲丸

M. theresae Cutak

種名是為紀念發現者之一的 Theresa Bock。
植株一般為單幹，果實成熟前埋藏於莖幹數
年，或待母株即將死亡時才從莖幹冒出，並
落於母株附近，當種子發芽成株，看起來就
像同一叢。因此使用貯藏數年之種子播種，
其發芽率會較使用新鮮者高。

M. subducta (D.R.Hunt) Repp.
原生地：墨西哥

M. subducta (cristata)

M. subducta × *M. carmenae*

M. spinosissima hybrid

白星交種
M. plumosa × *M. glassii*

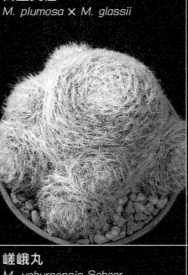

M. schumannii × *M. boolii*

M. spinosa G.Don ex Loudon
原生地：墨西哥

嵯峨丸
M. voburnensis Scheer
原生地：墨西哥南部至瓜地馬拉

月影丸
M. zeilmanniana Boed.
原生地：墨西哥中部

摩天柱屬
Marginatocereus

本屬最初被歸類為天輪柱屬 (*Cereus*)，之後被歸類為 *Lemaireocereus* 屬及摩天柱屬 (*Marginatocereus*)，有些文獻則仍將之歸類為 *Pachycereus* 及 *Stenocereus* 屬。摩天柱屬之屬名即指具邊緣的天輪柱屬植物，僅有一個物種。性喜砂質壤土，能於烈日下生長，在國外常作為圍籬植栽。

形態特徵：植株高大，稜脊上有短刺，莖幹粗壯，株高可達3-5公尺。莖幹深綠色，有些植株會分枝，特色為稜脊邊緣為白色條帶如同項鍊相連成串。花朵小，花瓣短，黃白色或是白色帶粉紅色，花朵稜脊上開成一直線，披覆有小刺。果實成熟後呈紅色，內有黑色種子。

白雲閣
Marginatocereus marginatus
(DC.) Backeb.
原生地：墨西哥

白雲閣綴化
M. marginatus (cristata)

白仙玉屬
Matucana

屬名源自第一次發現本屬植物之祕魯馬圖卡納城 (Matucana)，且本屬僅見於此地。白仙玉屬約有 19 個物種，分布於海拔 280-4,200 公尺高之地區，本屬多數仙人掌原生於開闊之地，並與觀賞鳳梨、野草及地衣類混生，並於平地栽培時可生長良好。花朵顏色鮮艷，以吸引鳥類協助授粉。白仙玉屬可與許多屬仙人掌進行屬間雜交，例如 *Cleistocactus* 屬、*Echinopsis* 屬、*Lobivia* 屬、*Oroya* 屬、*Oreocereus* 屬等。

　　形態特徵：植株單生不長側芽或會長側芽呈群生姿態，疣狀突起呈圓潤狀。刺有多種形態，如短刺、長直刺或刺向莖幹彎曲。花朵顏色鮮艷，著生於植株先端中央，具多種花色，例如橘紅色、粉紅色或黃色，花朵基部長，狀若花梗，壽命視天氣而定，可開 2-3 天。

美仙玉
Matucana aureiflora F.Ritter
原生地：祕魯

青嵐玉
M. forsmosa F.Ritter
原生地：祕魯

海仙玉
M. haynei (Otto ex Salm-Dyck) Britton & Rose
原生地：祕魯

華仙玉
M. krahnii (Donald) Bregmann
原生地：祕魯

奇仙玉
M. madisoniorum (Hutchison) G.D.Rowley
原生地：祕魯

奇仙玉
M. madisoniorum (Hutchison) G.D.Rowley
原生地：祕魯

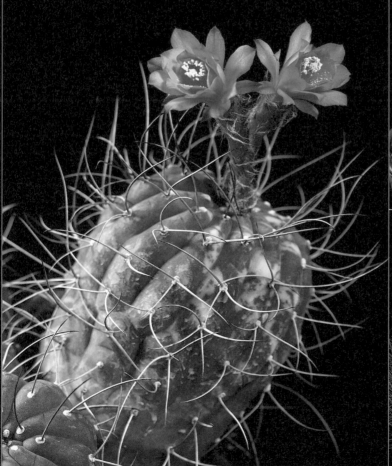

妖仙玉
M. paucicostata F.Ritter
原生地：祕魯

魄嵐紫錦
M. polzii (variegated)

花座球屬
Melocactus

屬名源自於希臘文 melos，意思為球狀的，意指本屬外觀呈圓狀，別名為「土耳其的帽子」(Turk's Cap Cactus)。花座球屬仙人掌主要分布於西印度群島至巴西一帶，海拔 0-2,200 公尺高之地區，約有 50 個物種，根據記錄至少有 2 組天然雜交種。花座球屬在 15 世紀末被帶至歐洲栽培，為第一個被大家認識之仙人掌屬別。本屬易栽培，但栽培至開花所需時間長，可單株結果，於白天開花，並吸引蜂鳥協助授粉。

形態特徵：莖單幹，圓形，表皮光滑。刺有多種顏色，例如白色、紅棕色、黃色。花朵著生於植株先端花座 (cephalium) 上，花朵披覆有小毛，鮮豔粉紅色。果實長圓柱狀，白色或粉紅色，成熟時從毛狀的花座冒出，若拿到光源下，可清楚看見裡面有黑色小種子。

藍雲錦
M. azureus (variegated)

藍雲
Melocactus azureus Buining & Brederoo
原生地：巴西

表皮為藍綠色，明顯與本屬其他物種不同。藍雲分布在海拔 450-750 公尺高之地區，僅見於範圍狹小的幾處區域，為稀有之仙人掌。現今因原生地多開發為農地或礦區，族群已大量減少。藍雲因自交不親合，需仰賴鳥類或昆蟲協助授粉，因此在保種上，需盡最大努力維護原生地及其周邊之環境。

飛雲
M. curvispinus Pfeiff.
原生地：宏都拉斯、瓜地馬拉、墨西哥、哥倫比亞、委內瑞拉、巴拿馬、哥斯達黎加、尼加拉瓜

飛雲錦
M. curvispinus (variegated)

飛雲綴化 + 錦
M. curvispinus (cristata & variegated)

飛雲綴化
M. curvispinus (cristata)

M. curvispinus subsp. *dawsonii* (Bravo) N.P.Taylor
原生地：墨西哥

M. curvispinus subsp. *dawsonii* (cristata)

最初被仙人掌玩家認為是 *M. amoenus*，
但實際上為飛雲 *M. curvispinus* 之變型。

豔雲
M. ernestii Vaupel
原生地：巴西
本種中刺又大又長，是花座
球屬其他物種的好幾倍，所
以很容易識別。花座球屬中
的 *M.* × *albicephalus* 是豔雲
與 *M. glaucescens* 天然雜交
的子代。

豔雲
M. longispinus Buining, Brederoo
& Theunissen
現更名為 *M. ernestii*

魔雲
M. harlowii (Britton & Rose) Vaupel
原生地：古巴

魔雲
M. evae Mészáros & Zoltan
現更名為 *M. harlowii*

魔雲
M. acunae León
現更名為 *M. harlowii*

M. harlowii subsp. *perezassoi* (Areces) Guiggi
原生地：古巴

黃金雲
M. broadwayi (Britton & Rose)
A.Berger
原生地：西印度群島

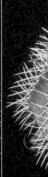

海雲
M. concinnus Buining & Brederoo
原生地：巴西

迪那肯梅洛仙人掌
M. deinacanthus Buining &
Brederoo
原生地：巴西

銳棱雲
M. pescaderensis Xhonneux &
Fern. Alonso
原生地：哥倫比亞

彩雲
M. intortus (Mill.) Urb.
原生地：加勒比海群島地區之多
明尼加共和國及波多黎各一帶

烏雲
M. lemairei (Monv. ex Lem.)
Miq. ex Lem.
原生地：多明尼加共和國

赤刺雲
M. levitestatus Buining & Brederoo
原生地：巴西

郝雲
M. macracanthos (Salm-Dyck)
Link & Otto
原生地：加勒比海南部庫拉索群
島 (Curacao Islands)

花雲
M. neryi K.Schum.
原生地：委內瑞拉、巴西、蘇利
南共和國

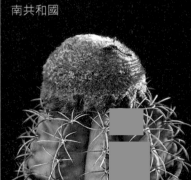

朱雲
M. matanzanus León
原生地於古巴，暱稱為矮性花座球，是花座球屬中體型最小之物種，直徑與高度不超過 9 公分。花朵小，粉紅色，果實淡粉紅色。為瀕臨絕種之仙人掌，現今剩存的自然族群不足 250 株。

朱雲錦
M. matanzanus (variegated)

少刺梅洛仙人掌
M. paucispinus G.Heimen & R.Paul
原生地：巴西

青嵐雲
M. pachyacanthus Buining & Brederoo
原生地：巴西

翠雲
M. violaceus Pfeiff.
原生地：巴西

華雲
M. peruvianus Vaupel
原生地：厄瓜多爾、祕魯

華雲錦
M. peruvianus (variegated)

華雲綴化
M. peruvianus (cristata)

龍神木屬
Myrtillocactus

屬名源自於希臘文 myrtillo，意指本屬果實與香桃木 (Myrtus communis) 果實相似。龍神木屬植物為墨西哥沙漠中的特色大型仙人掌，分布於瓜地馬拉及墨西哥海拔 25-2,500 公尺高之地區。本屬起初被歸類為天輪柱屬 (*Cereus*)，之後歸類為 *Myrtillocactus* 屬。成熟果實具甜味，當地住民會拿來食用。本屬具有 5 個物種，且有與 *Bergerocactus* 屬自然雜交子代的紀錄。龍神木屬易栽培，喜好光線良好及水分充足的環境，僅一個物種受廣泛栽培。

形態特徵：為大型仙人掌，莖幹可達 10 公尺高，會分枝呈樹形姿態，4-5 稜。花朵著生於刺座呈花束姿態，每束最多可達 9 朵花，花朵小，披覆軟毛，奶油色或黃綠色，具香氣，大部分於白天開花。易結果，果實小，圓形，內有深棕色種子。

龍神木
Myrtillocactus geometrizans (Mart. ex Pfeiff.) Console
原生地：墨西哥

植株高大，株高可達 4.5 公尺，灌叢幅寬可超過 5 公尺。表皮淺藍色，實生苗需生長多年才會開花。果實小，圓形，成熟時呈深紅色，具甜味，當地居民常鮮食或作果乾食用，也常做為仙人掌嫁接之砧木。性喜強光，常以扦插或播種繁殖。

龍神木錦
M. geometrizans (variegated)

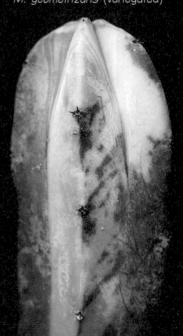

龍神木錦
M. geometrizans (variegated)

玉乳柱錦
M. geometrizans
'Fukurokuryuzinboku'
(variegated)

龍神木綴化 + 錦
M. geometrizans (cristata &
variegated)

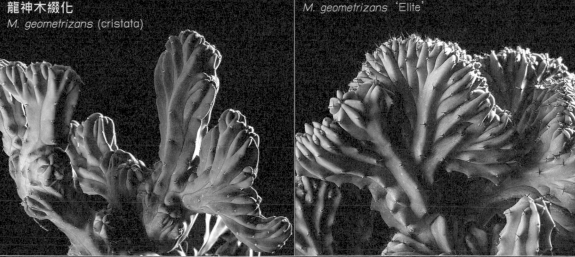

龍神木綴化
M. geometrizans (cristata)

M. geometrizans 'Elite'

大鳳龍屬
Neobuxbaumia

屬名源自 Franz Buxbaum 之名，並在字首加上 Neo 表示「新」之意思，以與 *Buxbaumia* 屬作區隔。本屬分布於墨西哥海拔 50-2,000 公尺高之地區，常以播種繁殖。

形態特徵：植株高大，株高可達 15 公尺，莖部直徑可超過 30 公分。表皮綠色或灰綠色，隨植株成長而分枝，稜脊超過 36 個。花朵著生於植株先端，花瓣合瓣，相對於整朵花而言，花被小，花朵白色或粉紅色，於夜間開花，花期為夏季。果實橢圓形，內有深棕色或黑色的種子。

勇鳳柱綴化
Neobuxbaumia euphorbioides (cristata)
原生地：墨西哥

大鳳龍
N. polylopha (DC.) Backeb.
原生地：墨西哥

大鳳龍綴化
N. polylopha (cristata)

帝冠屬
Obregonia

屬名源自墨西哥前總統 Álvaro Obregón 之名，墨西哥也是本屬的原生地。野生帝冠屬仙人掌植株埋藏於地下，先端與地表齊平，並形成肥大的肉質根以貯藏水分。本屬僅有一個物種，引進已久，故各地均有栽培，然而野生族群則處於瀕臨絕種狀態，原因是本屬仙人掌原生棲地範圍小，當地人又會野採走私作為觀賞植物販售，或作為傳統藥草治療關節炎之用。研究指出，帝冠屬與烏羽玉屬 (Lophophora) 仙人掌莖部均含有生物鹼 (alkaloid)。本屬仙人掌生長緩慢，性喜排水良好之土壤。

　　形態特徵：莖幹肉質多汁，圓形。疣狀突起演化為三角形葉片狀，層層疊疊形成蓮座狀或朝鮮薊姿態，表皮光滑，先端具有小刺，背面中央隆起為脊。花朵著生於植株先端白色毛狀附屬物中，白色或白色帶粉紅色，花粉粒鮮黃色。果實長橢圓狀，白色，內有黑色小種子。不長側芽，只能以播種繁殖。

帝冠
Obregonia denegrii Fric

帝冠錦
O. denegrii (variegated)

帝冠石化
O. denegrii (monstrose)

帝冠綴化
O. denegrii (cristata)

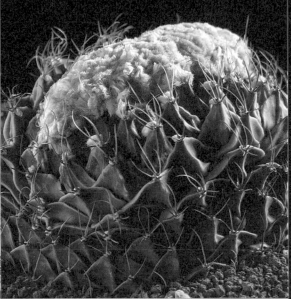

帝冠綴化 + 錦
O. denegrii (cristata & variegated)

團扇屬
Opuntia

花火團扇
Opuntia aciculata Griffiths
原生地：美國西南部至墨西哥西北部

種名意指團扇莖上具簇狀的小刺。果實梨形，成熟後為紅色，外披覆簇狀短刺。

屬名是由法國植物學家 Joseph Pittonde Tournefort 於西元 1700 年時所命名，以稱呼在古希臘 Opus 城鎮附近發現具有這種刺之植物。團扇屬仙人掌分布廣泛，從加拿大到委內瑞拉、阿根廷到加拉巴哥群島等地，從汪洋中的小島到海拔 4,100 公尺的高山都可見其蹤跡，本屬約有一百個物種。

除了原生地之外，人類也幫助了團扇屬仙人掌之傳播，克里斯多福·哥倫布 (Christopher Columbus) 的遠洋探險被認為是本屬植物傳播至歐洲的原因之一，爾後又傳播至其他國家，最後在各大洲落地生根並自然繁衍，這與其性喜強光、抗耐性強，且易扦插或播種繁殖有關。考古證據顯示，人類食用團扇屬仙人掌的歷史可追溯至 9,000-12,000 年前，本屬現今有多個物種為經濟作物，如 *O. ficus-indica* 及 *O. phaecantha*，常作為水果鮮食，或被加工為果醬或果凍等商品，且持續不斷選育出新品種。除此之外，團扇屬仙人掌之莖幹可以煮食，或作為動物的飼料，而墨西哥人亦以之作為一種酒精飲料中的重要原料。

形態特徵：莖幹為橢圓形或圓形，大部分呈扁平狀一片一片相連接而成。刺具多種形態，有些如紙般又扁又薄，有些則如針般又硬又長，簇狀著生於刺座上。花朵大，著生於刺座上，為白色、黃色或紅色等；子房大，外披覆小刺。果實圓形、橢圓形或梨形，成熟時轉為粉紅色至紅色，果肉軟嫩，內有許多種子。

武者團扇 / 武藏野
O. articulata (Pfeiff.) D.R.Hunt
原生地：阿根廷

松笠團扇
O. articulata 'Inermis'

加島仙人掌
O. galapageia Hemsl.

稀有的團扇屬仙人掌，僅見於加拉巴哥群島，由查爾斯·達爾文 (Charles Darwin) 發現並蒐集其樣本。植株高大，株高可達數公尺。生長於乾燥森林中，野生植株為烏龜、美洲鬣蜥及某些鳥種之食物，另外，本種因受當地居民所放養之山羊和驢子所威脅，現今瀕臨絕種，為《華盛頓公約》(CITES) 中位列附錄一之保護物種。

梨果仙人掌
O. ficus-indica 'Eyeful'

O. basilaris 'Mini Rita'

海狸鼠尾仙人掌
O. basilaris Engelm. &
J.M.Bigelow
原生地：美國西南部至
墨西哥西北部

團扇錦
Opuntia sp.
(variegated)

梨果仙人掌 'Reticulata'
O. ficus-indica 'Reticulata'

大家常誤以為是 *O. zebrina*，但研
究推測其是起源於歐洲 *O. ficus-
indica* 之石化變異，而後廣受大
家栽培。為穩定之突變種，不易
出現返祖現象。

金烏帽子／黄毛掌／黃桃扇／金小判
O. microdasys (Lehm.) Pfeiff.
原生地：墨西哥北部及中部

赤烏帽子／紅毛掌
O. microdasys subsp. *rutida*
(Engelm.) U.Guzmán & Mandujano
原生地：美國西南部至墨西哥西北部

種名意指莖幹上紅棕色的簇狀小刺。為市場上常見之品種，易栽培，生長快，但不能直接觸碰小刺，否則會引起發癢症狀。

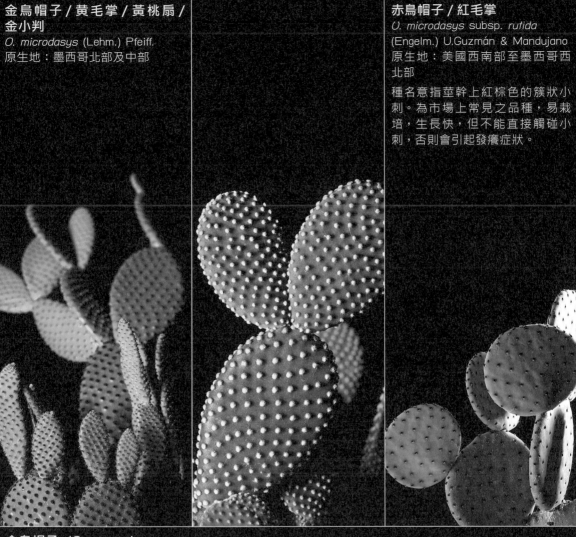

金烏帽子 'Contorta'
O. microdasys 'Contorta'

為金色之團扇屬仙人掌，葉狀莖較其他一般同屬物種大。在市場上有許多名字，例如 *O. microdasys* var. *pallida* forma *undulaa* 及 *O. microdasys* var. *pallida* (monstrose) 等。

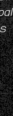

猿拘團扇
O. macrocentra Engelm.
原生地：美國西南部至墨西哥西北部

銀盾
O. santa-rita (Griffiths & Hare) Rose
原生地：美國西南部至墨西哥西北部

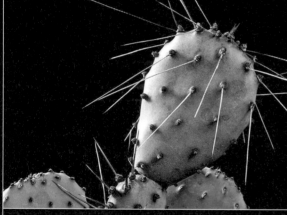

金武團扇 'Maverick'
O. tuna 'Maverick'

金武團扇／金武扇
O. tuna (L.) Mill.
原生地：加勒比海群島地區之多明
尼加共和國至牙買加一帶

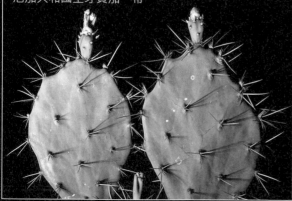

O. humifusa ✕ *O. fragilis*

刺翁柱屬
Oreocereus

屬名源自於希臘文 oreo，意思為山，指本屬仙人掌見於祕魯、玻利維亞、智利及阿根廷一帶海拔 1,300-4,250 公尺高之山區，約有 7 個物種。植株小時候常種植於盆栽中作為觀賞植物。性喜陽光，易栽培，一般由扦插或播種繁殖。

形態特徵：植株高大，株高可達 3 公尺，一般於植株基部分枝形成小型叢生姿態。老莖呈倒伏姿態，而其先端則因背地性仍向上朝天。本屬疣狀突起周圍之白色毛狀附屬物多寡，依不同物種而定。花朵管狀，著生於植株先端，於白天開花，花色鮮艷，例如紅色、紫色或洋紅色，以引誘蜂鳥前來幫忙傳粉。果實圓形或橢圓形，表皮平滑，當成熟時轉為帶黃色並開裂，內有橢圓形深棕色小種子。

白貂丸
Oreocereus ritteri Cullman
原生地：祕魯

白雲錦
O. trollii Kupper
原生地：阿根廷及玻利維亞

髯玉屬
Oroya

屬名源自於秘魯奧羅拉 (Aurora)，為首次發現本屬仙人掌之地。髯玉屬仙人掌較鮮為人知，約有 2-3 個物種，分布於祕魯安地斯山脈海拔 2,600-4,300 公尺高之全日照山坡，混生在石礫與雜草中，可忍受寒冷之氣候。一般以播種繁殖。

形態特徵：單幹，扁圓形或短圓柱形，莖頂微凹陷。疣狀突起明顯突起成稜脊狀，24-30 稜。刺呈羽毛狀。花朵著生於披覆有毛狀附屬物之植株先端，花朵基部鱗片小。花色為粉紅色或黃色，花朵中為心黃色。果實橢圓形，內有圓形深棕色種子。

美髯玉
Oroya peruviana (K.Schum.)
Britton & Rose

矮疣球屬
Ortegocactus

屬名是為紀念發現者 Francisco Ortega，本屬僅有一個物種，分布於墨西哥瓦哈卡州 (Oaxaca) 海拔 1,600-2,500 之山坡，但亦能適應平地之栽培環境。生長緩慢，性喜強光及疏鬆之土壤，若土壤過濕或過於緊實，則容易爛根。研究指出本屬與乳突球屬 (*Mammillaria*) 親緣關係相近。

形態特徵：植株年幼時為單球，隨著株齡增加而長出子球。植株表皮藍灰色，疣狀突起明顯，刺直，放射狀，當開始開花時刺為紅黑色，老刺則轉為黑色或尖端為白色之黑刺。花朵大，著生於植株先端，鮮黃色，於白天開花，花朵綻放時間長達好幾天。

矮疣球／帝王丸
Ortegocactus macdougallii
Alexander

摩天柱屬
Pachycereus

屬名源自於希臘文 pachys，為厚之意，指本屬植物莖幹性狀與天輪柱屬 (*Cereus*) 植物相似，但狀似刀劍。僅分布於墨西哥，海拔 0-超過 1,800 公尺高之地區均可見其蹤跡，至少有 6 個物種，並有與 *Bergerocactus* 屬之自然雜交子代之記錄，但數量極少，僅發現幾株。

形態特徵：植株高大，株高可達 25 公尺，7-17 稜，表皮綠色或藍綠色。一般年幼時為單幹，隨株齡增加而產生分枝，有些物種單株甚至能長出超過一百個分枝。花朵小，鐘狀，花瓣白色或淺粉紅色，著生於植株先端附近，僅於夜間開花。

土人之櫛柱綴化
Pachycereus pecten-aboriginum
(cristata)

錦繡玉屬
Parodia

屬名源自阿根廷植物學家 Lorenzo Raimundo Parodi 之名。本屬仙人掌原生於巴西、玻利維亞、阿根廷、烏拉圭、巴拉圭等地，約有 50 個物種。栽培容易，性喜疏鬆、排水良好之土壤，以播種繁殖。

形態特徵：莖幹呈扁圓形或圓柱狀，單株生長或群生，不長側芽，稜脊突出而明顯。刺小，具有多種形態，如直刺、彎刺、黃色、白色或棕色等。花朵著生於植株先端具毛狀附屬物保護之刺座區域，花朵碗形，花色鮮艷，如黃色、橘色或紅色等，於白天開花。果實為圓形或圓柱形，披覆有乾燥之毛狀附屬物，成熟時呈粉紅色並開裂，內有非常多種子。

錦繡玉
Parodia aureispina Backeb.
原生地：玻利維亞、阿根廷

白獅子丸
P. buiningii (Buxb.) N.P.Taylor
原生地：巴西、烏拉圭

白獅子丸綴化
P. buiningii (cristata)

舞繡玉
P. comarapana Cárdenas
原生地：玻利維亞中部

鬼雲丸
P. mammulosa (Lem.) N.P.Taylor
原生地：巴西南部至烏拉圭、阿根廷東北部

鬼雲丸錦
P. mammulosa (variegated)

金繡玉
P. mammulosa subsp.
submammulosus (Lem.) Hofacker
原生地：烏拉圭、阿根廷

魔神丸
P. maasii (Heese) A.Berger
原生地：玻利維亞南部至阿根廷北部

鳳秀玉
P. microsperma subsp. *horrida*
(F.W.Brandt) R.Kiesling &
O.Ferrari
原生地：阿根廷

珊瑚城
P. mueller-melchersii
(Fric ex Backeb.) N.P.Taylor
原生地：巴西、烏拉圭

金晃 / 黃翁
P. leninghausii (Haage)
F.H.Brandt.
原生地：巴西南部

有些書籍將之歸類為 Eriocactus
屬。種名是為紀念巴西植物收藏
家 Guillermo Leninghaus，黃翁
僅生長於白天炎熱、夜晚冷涼之
陡峭懸崖上，可忍受達 -4°C 之
低溫。刺之顏色為黃色或白色。
花朵大，呈淡黃色。黃翁為栽培
容易之仙人掌，流傳已久。

金晃 'Longispirus' （長刺）
P. leninghausii 'Longispirus'

金晃 'Albispina' （白刺）
P. leninghausii 'Albispina'

黃翁錦
P. leninghausii (variegated)

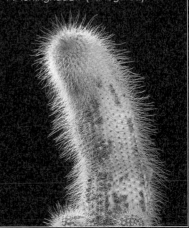

眩美玉

P. werneri Hofacker

原生地：巴西

單球，表皮光滑，刺緊貼莖幹。花色為鮮艷粉紅色 *Notocactus uebelmannianus*；而較少見之黃色花者則為 *Notocactus uebelmannianus* forma *flaviflora*。栽培容易，但野生族群瀕臨絕種。

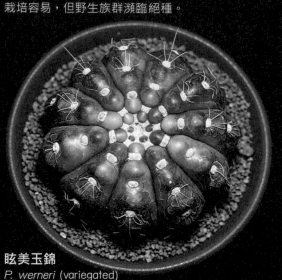

眩美玉錦
P. werneri (variegated)

眩美玉 '無刺' / 無刺眩美玉

P. werneri 'Inermis'

紅彩玉

P. horstii (F.Ritter) N.P.Taylor

原生地：巴西南部

種名源自 Leopold 及 Melinda Horst 之名。紅彩玉分佈於海拔 200-800 公尺高之地區，但原生棲地因採礦、建設水壩及滑坡而受破壞，現今野生族群數量不足 2,500 株。在仙人掌產業中已選育出多種不同之變型 (forma；f.)，例如 forma purpureus 為粉紫色花、短刺之變型；而 forma *muegelianus*，刺座白色且披覆有毛等等之變型。

聖天丸
P. ocampoi Cárdenas
原生地：墨西哥中部

青王丸
P. ottonis (Lehm.) N.P.Taylor
原生地：巴西南部

P. ottonis 'Vencluianus'

緋秀玉綴化
P. sanguiniflora (cristata)

金冠
P. schumanniana (Nicolai) F.H.Brandt
原生地：巴拉圭南部至阿根廷東北部

黑雲龍
P. subterranea F.Ritter
原生地：玻利維亞

錦繡玉屬石化
Parodia sp. (monstrose)

錦繡玉屬綴化
Parodia sp. (cristata)

金繡玉
P. turecekiana R.Kiesling
原生地：阿根廷、烏拉圭及巴西

小町
P. scopa (Spreng.) N.P.Taylor
原生地：巴西南部

小町雜交種
P. scopa hybrid

小町石化
P. scopa (monstrose)

月華玉屬
Pediocactus

屬名源自希臘文 pedion，意思是平原或草原，意指生長於平原之仙人掌。月華玉屬僅分佈在美國西岸之礫岩隙裂地或是平原。其性喜好日夜溫差極大的氣候環境，有些物種甚至可忍受 -26°C 之低溫。本屬共有 9 個物種，有些物種為《華盛頓公約》(CITES) 所列的限制 (國際貿易) 物種，同時亦受國內法律之保護。現今月華玉屬仙人掌野生族群備受棲地破壞及盜採走私至黑市販售所威脅。

形態特徵：植株小，單幹或群生。刺相互堆疊呈平面狀，具各種尺寸及顏色。花朵著生於近先端處，具多種花色，例如黃色、白色及粉紅色等，數朵花同時開放。果實圓形，成熟後可見內部的黑色種子。

飛鳥
P. peeblesianus (Croizat) L.D.Benson.

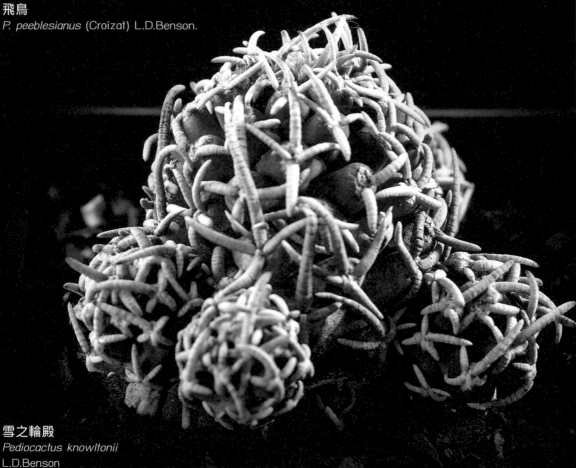

雪之輪殿
Pediocactus knowltonii
L.D.Benson

斧突球屬
Pelecyphora

屬名源自希臘文 pelekys，意思為斧頭，而 phoreus 意思為持有，指本屬疣狀突起形狀如斧頭。西元 1839 年由 Carl Ehrenberg 首次發布本屬植物，並於西元 1843 年於期刊中正式發表，此時斧突球屬內僅有一個物種，時隔將近一百年後有人發現第二個物種，但並未提及發現地，接著有人馬上拿此物種仙人掌於市場上販售，從而發現其原生地。本屬分布於墨西哥海拔 1,600-2,200 公尺高覆滿礫石之山地，花期約在四月到六月。

　　形態特徵：植株小，單幹或群生，部分植株埋藏在地表下，土表上僅顯露部分植株。疣狀突起突出成脊狀或是延伸成三角狀，表皮披覆白色毛狀附屬物。刺小。花朵著生於植株先端中央，鮮豔粉紅色。果實小，棕色。

銀牡丹
Pelecyphora strobiliformis Fric & Schelle

精巧丸

P. aselliformis Ehrenb.

原生地：墨西哥

為本屬第一個被發現之物種，性喜生長於海拔 1,000 公尺高以上之山麓地帶。但其最大之原生棲地因建設道路受到破壞，導致野生族群數量所剩不多。精巧丸含有生物鹼 (alkaloids)，為當地住民治療退燒或是關節疼痛之藥草。古籍中記載其為栽培困難之植物，可能因當時並沒有正確的栽培方法，如今則栽培種植良好。

銀牡丹綴化

P. strobiliformis (cristata)

精巧丸綴化

P. aselliformis (cristata)

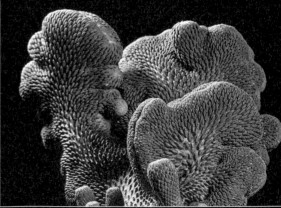

塊根柱屬
Peniocereus

屬名來自希臘文 penios，意為紗線，指本屬仙人掌形狀細長似枯樹枝。塊根柱屬仙人掌原生於北美洲北部及中部，海拔 0-1,500 公尺高之石灰岩山地或沙土之地區，至少有 18 個物種。栽培容易。

形態特徵：株高可達 1-4 公尺，枝條細長，無固定生長方向。刺小且短。地下根肥大以貯藏養分。花朵著生於具有刺保護之植株先端區域，花朵基部相連呈管狀，具多種花色，例如白色、紅色、紫色、粉紅色，僅在夏季開花，具有於白天或夜晚開花之物種。果實橢圓形，內有黑色種子。

塊根仙人鞭
Peniocereus greggii (Engelm.)
Britton & Rose
原生地：美國、墨西哥

P. marianus (Gentry)
Sánchez - Mej.
原生地：墨西哥

毒蛇
P. viperinus (F.A.C.Weber)
Buxb.
原生地：墨西哥

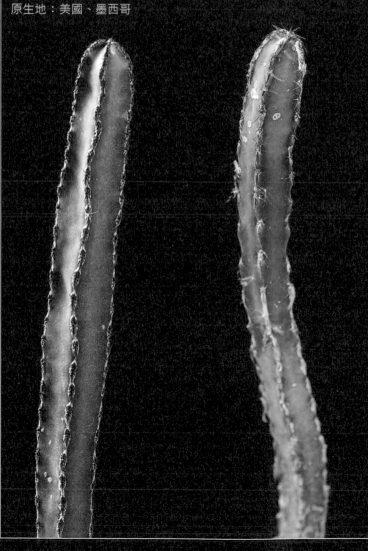
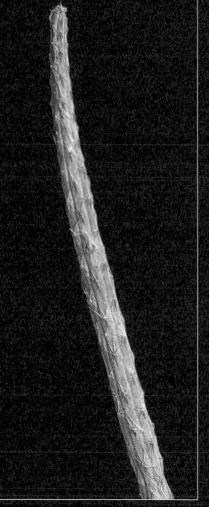

葉仙人掌屬
Pereskia

屬名是為了紀念法國自然學家 Nicholas - Claude Fabri de Pieresc。本屬仙人掌具有葉片，為仙人掌中之活化石，證明了仙人掌演化的過程。葉仙人掌屬仙人掌廣泛分布於墨西哥南部至加勒比海群島海拔 2,180 公尺高之地區，約有 17 個物種，每一種皆可栽培。性喜炎熱及強光之環境，以扦插繁殖。

形態特徵：中型或大型灌叢，株高可達 8 公尺。莖幹圓形，會長側枝，刺尖。葉片窄橢圓形或披針型。單花或多花聚集呈花束姿態，有多種花色，例如白色、粉紅色、橘色。果實圓形或漏斗形，成熟後轉為橘色或紅色。

玫瑰麒麟
Pereskia bleo (Kunth) DC.
原生地：巴拿馬、哥倫比亞
灌叢高 2-8 公尺，樹形與其他物仙人掌不同。莖幹上有成簇之黑色銳刺。花朵橘紅色，果實漏斗形。玫瑰麒麟性喜強光，澆水方式可與一般植物之澆灌方式相同。

木麒麟錦
P. aculeata (variegated)

紅梅麒麟
P. diazromeroana Cárdenas
原生地：玻利維亞

大葉麒麟
P. grandiflora Haw.
原生地：巴西

月之精
P. zinniiflora A.P. de Candolle
原生地：古巴南部及西南部

麒麟掌屬
Pereskiopsis

屬名源自 2 個希臘字母，pereskia 及 opsis，合起來意指本屬形態與葉仙人掌屬 (*Pereskia*) 相似。分布在瓜地馬拉及墨西哥海拔 10-2,100 公尺高之地區。為廣受栽培之仙人掌，常作為嫁接幼苗期仙人掌之砧木。栽培及繁殖容易，性喜強光及水分充足之環境，一般以扦插繁殖。

形態特徵：中型灌叢，株高 1-5 公尺。葉片卵圓形或圓形，深綠色。銳刺筆直，多數物種為單刺，但有些物種之刺可多達 4 個。花朵著生於刺座，短漏斗形，於日間開花，具有多種花色，例如紅色、橘色、黃色、粉紅色。果實橢圓形，果肉軟，成熟時為黃色至紅色。

青葉麒麟
Pereskiopsis diguetii (F.A.C.Weber)
Britton & Rose
原生地：墨西哥

毛柱屬
Pilosocereus

屬名源自拉丁文，指本屬植物先端具蓬鬆毛狀附屬物。分布於墨西哥、加勒比海群島一帶至南美洲一帶海拔 0-1,900 公尺高之地區，有 50 個物種，數個物種引進栽種。性喜強光，可在室外全日照栽培，但介質需排水良好。以扦插或種子繁殖。

形態特徵：植株高大，株高可達 10 公尺，會分枝，6-12 稜。刺黃色或紅棕色。花朵僅著生於莖幹近先端之處，鐘形，白色或粉紫色。果實圓形，成熟時深紫色，內有許多黑色小種子。

金青閣
Pilosocereus pachycladus F.Ritter
原生地：巴西

金青閣錦
P. pachycladus (variegated)

金青閣綴化
P. pachycladus (cristata)

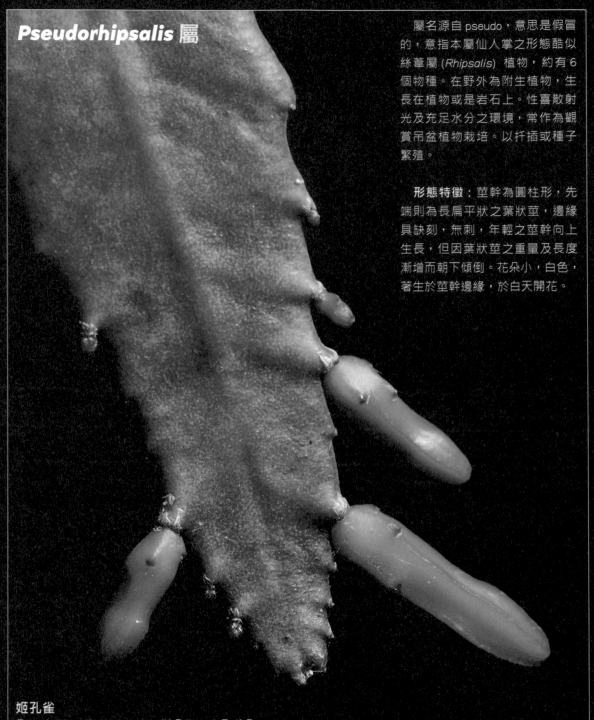

Pseudorhipsalis 屬

屬名源自 pseudo，意思是假冒的，意指本屬仙人掌之形態酷似絲葦屬 (Rhipsalis) 植物，約有 6 個物種。在野外為附生植物，生長在植物或是岩石上。性喜散射光及充足水分之環境，常作為觀賞吊盆植物栽培。以扦插或種子繁殖。

形態特徵：莖幹為圓柱形，先端則為長扁平狀之葉狀莖，邊緣具缺刻，無刺，年輕之莖幹向上生長，但因葉狀莖之重量及長度漸增而朝下傾倒。花朵小，白色，著生於莖幹邊緣，於白天開花。

姬孔雀
Pseudorhipsalis amazonica (K.Schum.) Ralf Bauer
原生地：尼加拉瓜、哥斯大黎加、巴拿馬至委內瑞拉、哥倫比亞、厄瓜多、祕魯及巴西一帶

先前被歸類為 *Wittia* 屬，但現今已被廢除，而歸類為 *Pseudorhipsalis* 屬。常與絲葦屬 (rhipsalis) 或其他吊盆植物組合販售。可在平地栽培至開花，於冷涼季節一年開花一次，花朵壽命長達數日，無香味，栽培容易。

梅枝 / 火麒麟
P. ramulosa (Salm-Dyck) Barthlott
原生地：墨西哥、貝裡斯、瓜地馬
拉、宏都拉斯、尼加拉瓜、哥斯大
黎加、牙買加、海地、委內瑞拉、
哥倫比亞、厄瓜多、祕魯、巴西及
玻利維亞

本物種分布廣泛，祕魯及厄瓜多境
內族群數量頗多，附生於熱帶雨
林中之大型植株上。若在強光下栽
培，植株會轉為鮮紅色，耐旱，但
若過度遮陰會是綠色而失去觀賞價
值。常以扦插繁殖。

P. ramulosa subsp. *Jamaicensis*
(Britton & Harris) Doweld

翅子掌屬
Pterocactus

屬名源自希臘文 pteron，為翼之意思，意指種子邊緣具有片狀像羽翼般之構造。分布在阿根廷西部及南部海拔 0-3,050 公尺高之地區，約有 7 個物種。除了以種子繁殖外，另有奇特之繁殖機制，翅子掌屬植物於冬季時枝條會斷裂脫落，藉強風吹拂帶至其他地區，而後斷枝慢慢發根並成長為新植株，藉此習性，可從莖節處取下扦插繁殖。可在平地栽培及開花。

形態特徵：具肥大貯藏養分之地下根。莖幹長，橢圓或短圓柱形，披覆有簇狀刺或不規則分布之扁刺。花朵大，著生於枝條先端，不同物種之花色不同。

南國葦
P. australis (F.A.C.Weber) Backeb.
原生地：阿根廷南部的巴塔哥尼亞
(Patagonia) 高原

怒黃龍
P. hickenii Britton & Rose
原生地：阿根廷南部的巴塔哥尼亞高原

黑龍
Pterocactus kuntzei K.Schum.
原生地：阿根廷南部的巴塔哥尼亞高原

鋪雲掌屬
Puna

　　屬名源自於玻利維亞、智利及阿根廷北部交會地區之地名。有些文獻將本屬歸類為 *Maihueniopsis* 及團扇屬 (*Opuntia*) 屬。鋪雲掌屬植物分布在阿根廷海拔 2,000 - 4,500 公尺高之地區，生長於乾旱的岩地。

　　形態特徵：植株小，單株或呈群生姿態。莖幹有多種形狀，可能為圓形或三角形。花朵著生於近先端之疣狀突起腋處，花被鐘形，橘黃色或粉紅色帶白色，於白天開花。果實圓形，披覆有小刺。

山小芥子
P. subterranea (R.E.Fr.) R.Kiesling
原生地：玻利維亞、阿根廷

白雞冠
Puna clavarioides (Pfeiff.) R.Kiesling
原生地：阿根廷

本種仙人掌分布於高海拔地區。種名意指短棒狀之莖幹姿態，與珊瑚菌屬 (*Clavaria*) 真菌之子實體 (fruiting body) 相似，因此英文俗名為 Dead Man's Fingers 及 Mushroom Opuntia。

巧柱屬
Pygmaeocereus

屬名由 Harry Johnson 及 Curt Backeberg 於西元 1957 年所命名，源自拉丁文 pygmaeus，意思為矮性，指本屬植物外觀與天輪柱屬 (*Cereus*) 相似，但植株較矮小。巧柱屬植物分布於祕魯及智利，相關資料非常少，有 3 個物種，有些文獻將之歸類為 *Haageocereus* 屬。

　　形態特徵：植株小，單幹或分枝呈群生姿態，8-15 稜。刺有多種形態，花朵為白色，於夜晚開花。果實圓形或梨形，成熟時為紅綠色或棕色。

七巧柱
Pygmaeocereus bieblii Diers
本種分布於祕魯海拔 600-1,800 公尺高、範圍不超過 500 平方公里之山區。在氣候炎熱之平地下栽培及生長良好。七巧柱因被野採走私作為觀賞植物，野生族群已瀕臨絕種。

翁寶屬
Rebutia

屬名源自法國仙人掌商人 Pierre Rebut 之名。本屬分布在玻利維亞及阿根廷西北部海拔 1,200-3,600 公尺高之岩地中，約有 40 個物種。一般以分株法或播種繁殖。

形態特徵：莖幹圓形，單球或呈群生姿態。刺小，不硬，大多為輻射狀排列之白色軟毛姿態。花朵著生於莖幹側邊之疣狀突起腋處，花瓣基部聚合成管狀，先端則分離呈碗狀。花色鮮豔，有粉紅色、白色、紅色、橘色等，於白天開花。果實圓形，成熟後轉為紅色，內有黑色小種子。

惠毛丸錦
R. cintia (variegated)

惠毛丸
Rebutia cintia Hjertson
原生地：玻利維亞

Rebutia 'Carnival'

緋之蝶
R. fulviseta F.Ritter.
原生地：玻利維亞、阿根廷

太寶丸
R. heliosa Rausch
原生地：玻利維亞

金簪丸
R. marsoneri Werderm.
原生地：阿根廷北部

絲葦屬
Rhipsalis

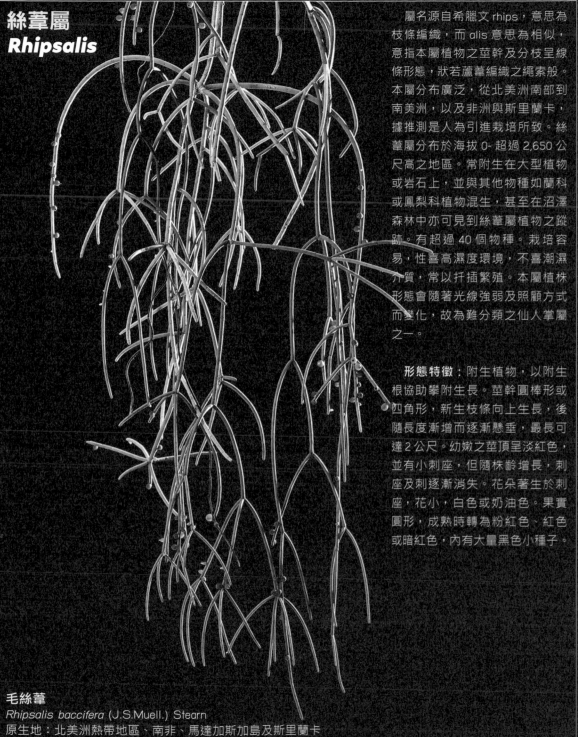

屬名源自希臘文 rhips，意思為枝條編織，而 alis 意思為相似，意指本屬植物之莖幹及分枝呈線條形態，狀若蘆葦編織之繩索般。本屬分布廣泛，從北美洲南部到南美洲，以及非洲與斯里蘭卡，據推測是人為引進栽培所致。絲葦屬分布於海拔 0- 超過 2,650 公尺高之地區。常附生在大型植物或岩石上，並與其他物種如蘭科或鳳梨科植物混生，甚至在沼澤森林中亦可見到絲葦屬植物之蹤跡。有超過 40 個物種。栽培容易，性喜高濕度環境，不喜潮濕介質，常以扦插繁殖。本屬植株形態會隨著光線強弱及照顧方式而變化，故為難分類之仙人掌屬之一。

形態特徵：附生植物，以附生根協助攀附生長。莖幹圓棒形或四角形，新生枝條向上生長，後隨長度漸增而逐漸懸垂，最長可達 2 公尺。幼嫩之莖頂呈淡紅色，並有小刺座，但隨株齡增長，刺座及刺逐漸消失。花朵著生於刺座，花小，白色或奶油色。果實圓形，成熟時轉為粉紅色、紅色或暗紅色，內有大量黑色小種子。

毛絲葦
Rhipsalis baccifera (J.S.Muell.) Stearn
原生地：北美洲熱帶地區、南非、馬達加斯加島及斯里蘭卡

種名意指果實形狀與漿果 (berry) 相似，莖幹為綠色圓柱狀，長 1-4 公尺。花朵小，白色。果實圓形。本物種形態變化大、且變異性高，有 6 個亞種，但分類上仍具爭議，因受市場歡迎而廣為栽培。原生地住民常將毛絲葦與其他植物混和作為草藥，用於治療蛇毒或是魟魚的刺傷。

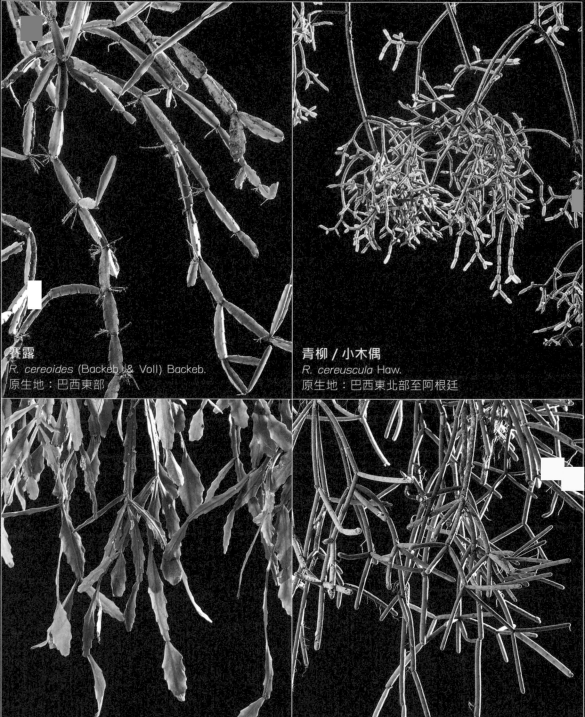

賽露
R. cereoides (Backeb. & Voll) Backeb.
原生地：巴西東部

青柳／小木偶
R. cereuscula Haw.
原生地：巴西東北部至阿根廷

園蝶
R. goebeliana Backeb.
原生地：玻利維亞

若紫
R. neves-armondii K.Schum.
原生地：巴西

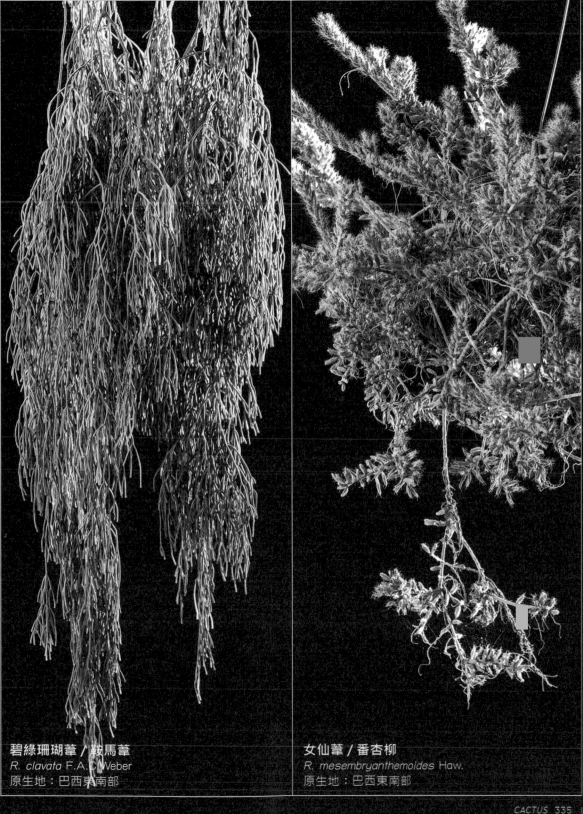

碧綠珊瑚葦 / 鞍馬葦
R. clavata F.A.C. Weber
原生地：巴西東南部

女仙葦 / 番杏柳
R. mesembryanthemoides Haw.
原生地：巴西東南部

桐壺絲
R. oblonga Loefgr.
原生地：巴西東部

綠羽葦
R. elliptica G.Lindb. ex K.Schum.
原生地：巴西東部

窗梅
R. crispata (Haw.) Pfeiff.
原生地：巴西東南部

手綱姣
R. pentaptera Pfeiff. ex A.Dietr.
原生地：巴西南部至烏拉圭

R. pacheco-leonis subsp. *catenulata* (Kimnach)
Barthlott & N.P.Taylor
原生地：巴西

扁果葦
R. platycarpa (Zucc.) Pfeiff.
原生地：巴西

星座光
R. pachyptera Pfeiff.
原生地：巴西東南部

扁果葦錦
R. platycarpa (variegated)

玉柳
R. paradoxa (Salm-Dyck ex Pfeiff.) Salm-Dyck
原生地：巴西東南部

天河
R. trigona Pfeiff.
原生地：巴西東南部

露舞
R. micrantha (Kunth) DC.
原生地：厄瓜多爾至祕魯北部

蟹爪蘭屬
Schlumbergera

屬名源自法國仙人掌栽培家 Frederic Schlumberger 之名，分布於巴西南部海拔 100-2,800 公尺高之地區，附生在大型植物或大型岩石上，至少 7 個物種。僅在冷涼季節開花，現今為冬季植物市場極受歡迎之觀賞植物之一，故又稱作聖誕仙人掌 (Christmas Cactus)。花期可長達數天，現今已育成花色更美麗之雜交種，常以扦插繁殖。

形態特徵：莖幹扁平狀，寬 1-4 公分，相連呈懸垂姿態。僅在冷涼季節開花，花被具多種顏色，例如橘色、白色、粉紅色、紅色等。果實圓形，具明顯稜脊，內有黑色種子。

蟹爪蘭屬雜交種錦
Schlumbergera hybrid (variegated)

蟹爪蘭屬雜交種
Schlumbergera hybrid

虹山玉屬
Sclerocactus

屬名源自希臘文 scleros，意思是殘酷或是堅硬的，指其誇張搶眼之刺。據文獻所述本屬仙人掌繁殖難度高。有些學者認為其形態特徵與強刺屬 (*Ferocactus*) 相似，但果實表面平滑。虹山玉屬仙人掌分布於美國西南部至墨西哥北部海拔 500-2,350 公尺高之岩石隙裂地或混雜在乾燥的草原中。具 15-17 個物種，有些物種可忍受達 -26°C 之低溫。

形態特徵：單幹，莖幹橢圓形、圓形或圓柱形。稜脊圓潤突出，披覆有銳刺，刺有長有短，且具多種顏色。花朵著生於植株先端，漏斗狀或鐘狀，於白天開花，有些物種之花朵具香氣，果實橢圓形至圓柱形，先端常有未脫落之乾燥花瓣，果肉多汁軟嫩，種子為棕色或深棕色橢圓形。

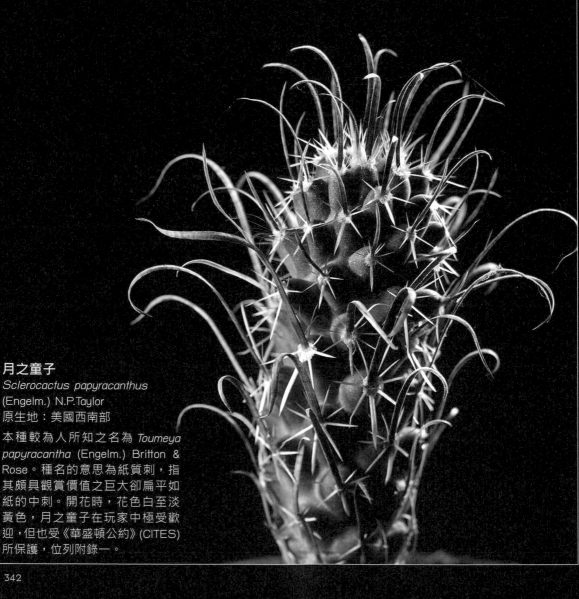

月之童子
Sclerocactus papyracanthus
(Engelm.) N.P.Taylor
原生地：美國西南部

本種較為人所知之名為 *Toumeya papyracantha* (Engelm.) Britton & Rose。種名的意思為紙質刺，指其頗具觀賞價值之巨大卻扁平如紙的中刺。開花時，花色白至淡黃色，月之童子在玩家中極受歡迎，但也受《華盛頓公約》(CITES)所保護，位列附錄一。

蛇鞭柱屬
Selenicereus

屬名意思為希臘神話中月亮女神塞勒涅 (Selene) 的仙人掌,指本屬仙人掌僅於夜間開花。蛇鞭柱屬仙人掌分布範圍廣泛,包含美國南部至南美洲許多國家,海拔 0-2,400 公尺高之地區。大部分附生在雨林中之大型植株上,僅有一物種分布在亞馬遜河的沼澤林中。

　　形態特徵:莖幹扁平或圓形,沿著地面水平生長。刺小,有些物種無刺。花朵大,純白色,具香氣,僅於夜間開花。果實圓形,具些許小刺,內有黑色小種子。

百足柱
Selenicereus wittii (K.Schum.)
G.D.Rowley
原生地:巴西

傳說本種是由英國著名的植物畫家 Margaret Mee 辛苦追尋所發現,她乘船至亞馬遜雨林深處於月光中繪畫下百足柱盛花之姿態。本種因攀附生長於沼澤林植物上,莖幹演化為扁平之葉狀莖形態,攀緣莖及分枝邊緣具小刺。花朵白色,僅在夜晚開花。生長緩慢,以枝條扦插繁殖。

西施仙人柱

S. grandiflorus (L.) Britton & Rose

原生地：牙買加、古巴、海地、多明尼加共和國、洪都拉斯、瓜地馬拉、墨西哥、貝里斯、美國

為另一個有「夜晚的女王」(Queen of the Night) 稱號之仙人掌物種，栽培歷史已久。莖幹圓柱形，匍匐狀，可蔓延數公尺長。花朵大，白色，夜晚會產生似香草味之清香，於夜間開花，壽命僅一天。栽培容易，喜歡水分充足、散射光之環境。以扦插或種子繁殖。此物種還可作為草藥使用，治療動物之咬傷，並被深信是可增加佛教波羅蜜及趨吉避凶的神奇藥草。

昆布孔雀
S. chrysocardium (Alexander) Kimnach
原生地：墨西哥

魚骨令箭 / 鯊魚箭
S. anthonyanus (Alexander)
D.R.Hunt
原生地：墨西哥

奇想球屬
Setiechinopsis

屬名意指花朵上有硬毛之大棱柱屬 (*Echinopsis*) 植物。本屬原先前被歸類為大棱柱屬，但從中獨立成一屬，並僅有一個物種。奇想球屬植物分布於阿根廷，原生於矮灌木叢下，能適應遮蔭環境，引進栽培已久，為小型仙人掌，栽培容易，價格不高，但其壽命短，僅數年而已。

形態特徵： 莖幹圓柱形，表皮棕綠色，單幹，不分枝。刺座白色，中刺長且筆直，副刺則較短。花朵著生於先端，花梗長，直立或微傾斜，披覆有硬毛。花瓣尖細，黃色花粉群聚在花朵中心，花朵壽命僅一天，並僅於夜間開花，具淡淡香氣，花朵自交能結果，但種子與不同植株雜交者少。果實紡錘狀，成熟後開裂，可見黑色種子。

奇想丸
Setiechinopsis mirabilis Backeb. ex de Haas

奇想丸綴化
S. mirabilis (cristata)

近衛柱屬
Stetsonia

屬名源自律師及前紐約植物園執行長 Francis Lynde Stetson 之名。本屬原歸類為天輪柱屬 (*Cereus*)，後獨立為近衛柱屬，屬中僅有一個物種。近衛柱屬植物分布於乾燥地區海拔 100-900 公尺高之山麓地帶，但在海拔更高處亦能見得其身影。本屬植物因具銳刺，常被用作天然圍籬，以防禦入侵者。

　　形態特徵： 植株大，株高可達 8 公尺，分枝成叢狀姿態，每叢甚至可達 100 個分枝。莖幹粗壯，深綠色，8-9 稜。刺長且尖銳。花朵白色，於夜間開花。果實圓形，綠色或紅色，披覆有小刺，可食用。

近衛柱
Stetsonia coryne (Salm-Dyck) Britton & Rose
原生地：阿根廷、玻利維亞及巴拉圭

多棱球屬
Stenocactus

有些文獻將本屬歸類為 *Echinofossulocactus* 屬，分類上常反覆變動。其如波浪狀彎曲之稜脊姿態而被形容為「腦波紋」。多棱球屬分布於墨西哥海拔 0-2,800 公尺高之地區，約有 10 個物種，不產生側芽，一般以種子繁殖。

　　形態特徵：植株小，通常為單幹。稜脊明顯，如波浪狀彎曲。刺灰色或黃棕色，有些物種具有巨大之中刺。花朵小，著生於植株先端，大部分為粉紅色或白色，於白天開花，壽命長達 2-3 天。

雪溪玉
S. albatus (A.Dietr.) F.M.Knuth

龍劍玉
Stenocactus coptonogonus (Lem.) A.Berger ex A.W.Hill

單幹，性狀較其他多棱球屬仙人掌奇異，稜脊筆直，刺短，外觀與強刺屬 (*Ferocactus*) 仙人掌相似。花朵白色，花瓣中間具粉紅色條紋，每個刺座具 3-5 個刺，可忍受達 -10°C 的低溫。

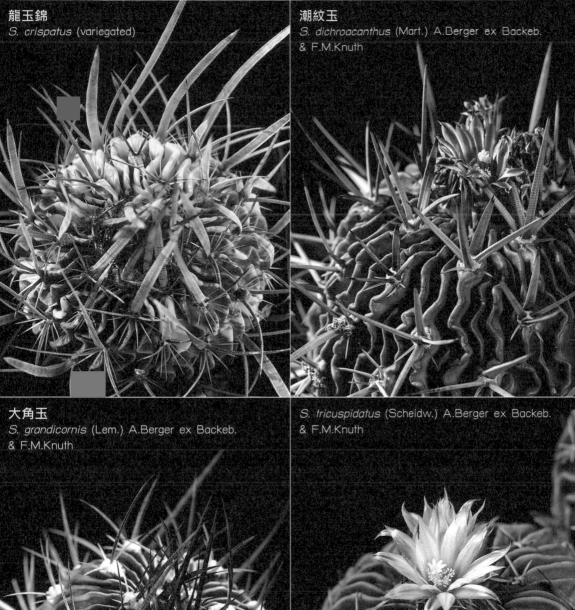

龍玉錦
S. crispatus (variegated)

潮紋玉
S. dichroacanthus (Mart.) A.Berger ex Backeb.
& F.M.Knuth

大角玉
S. grandicornis (Lem.) A.Berger ex Backeb.
& F.M.Knuth

S. tricuspidatus (Scheidw.) A.Berger ex Backeb.
& F.M.Knuth

多棱玉
S. multicostatus (Hildm.) A.Berger ex A.W.Hill

為外觀最美麗之多稜球屬仙人掌，稜脊薄，數量可多達 120 稜，呈彎曲姿態，相互緊貼。一般於 4 月開花，花期較其他多稜球屬仙人掌早。由種子栽培至第一次開花需 4-5 年之久。

多棱玉 / 多棱球 / 千波萬波
S. multicostatus subsp. *zacatecasensis* (Britton & Rose) U.Guzmán & Vazq. - Ben.

龍蛇玉
S. lamellosus (A.Dietr.) A.Berger ex A.W.Hill

龍蛇玉錦
S. lamellosus (variegated)

振武玉
S. lloydii (Britton & Rose) A.Berger ex A.W.Hill
現更名為 *S. multicostatus* subsp. *zacatecasensis*

太刀嵐
S. phyllacanthus (Mart.) A.Berger ex A.W.Hill

Stenocactus sp. 'Palmillas'

多棱球屬綴化
Stenocactus sp. (cristata)

新綠柱屬
Stenocereus

屬名意指狹窄之稜脊。原生地多樣，但大多數生長於乾旱地區，分布於墨西哥、哥倫比亞、委內瑞拉、千里達島與托巴哥島的懸崖邊緣或海邊砂質地，至海拔超過 2,120 公尺高之地區，有超過20 個物種。新綠柱屬仙人掌成株後為大型叢生姿態，莖幹質地堅硬，可作為建築材料，有些物種甚至被原生地住民拿來作為草藥原料之一。

形態特徵：植株大，株高可達15 公尺，莖幹圓柱形，由莖幹基部產生分枝，稜脊明顯。刺短。花朵大，著生於植株先端，於夜間開花至隔日中午。果實圓球形或卵圓形，內有黑色大種子。

新綠柱屬毛蟲
Stenocereus eruca (Brandegee)
A.C.Gibson & K.E.Horak
原生地：墨西哥
英文俗名「爬行的魔鬼」(Creeping Devil)，形容其沿著地面傾伏生長之姿態，每個分枝可長達 1.5-2 公尺。中刺僅一個，扁平狀且大，銀白色。花朵白色或白色帶粉紅色，於夜間開花。性喜排水良好之砂質地。

朝霧閣
S. pruinosus (Otto ex Pfeiff.) Buxb.
原生地：墨西哥

榮武柱／象牙閣
S. griseus (Haw.) Buxb.
原生地：墨西哥、哥倫比亞、委
內瑞拉、千里達島與托巴哥島

S. griseus 'Phil McCracken'

朝霧閣錦
S. pruinosus (variegated)

菊水屬 / 鱗莖玉屬
Strombocactus

屬名源自希臘文 strombos，意思是頂端螺旋狀的，意指疣狀突起呈螺旋狀排列。本屬原先前被歸類為乳突球屬 (*Mamillaria*) 仙人掌，分布於墨西哥海拔 950-2,000 公尺高之陡峭岩壁，僅有 2 個物種。

形態特徵：莖幹圓球形或陀螺形，不長子球，表皮灰綠色，疣狀突起明顯，呈螺旋狀排列，先端具小刺。刺座上具有少許白色的毛狀附屬物，刺軟，白色，植株先端之刺為深色。花朵漏斗狀，著生於先端，淡黃色至白色。花朵中心為黃色或粉紅色。果實橢圓狀，表皮光滑，成熟時由紅棕色轉為綠色並開裂，內有棕色小種子。

Strombocactus corregidorae S.Arias & E.Sánchez

菊水 / 鱗莖仙人球
S. disciformis (DC.) Britton & Rose

菊水錦 / 鱗莖仙人球
S. disciformis (variegated)

赤花菊水
S. disciformis subsp. *esperanzae*
Glass & S.Arias

菊水綴化 / 鱗莖仙人球
S. disciformis (cristata)

溝寶山屬
Sulcorebutia

屬名源自希臘文 sulcus，為溝、皺褶之意，指本屬為稜脊皺褶之仙人掌。溝寶山屬仙人掌分布於玻利維亞及阿根廷。有些文獻將之歸入性狀相似之 *Rebutia* 屬，但本屬之刺座較為窄長。溝寶山屬仙人掌性喜冷涼氣候，常以嫁接或取子球扦插繁殖。

　　形態特徵：植株中小型，圓球形，會長子球，莖幹綠色或紫色。花朵著生於疣狀突起腋處，漏斗狀，花色鮮豔，例如黃色、橘色、粉紅色等，許多溝寶山屬仙人掌同一朵花具有 2 種顏色，花朵排列呈圓環姿態。果實橢圓形，成熟時轉為紅色至深棕色。

砂地丸錦
Sulcorebutia arenacea (variegated)

砂地丸
S. arenacea (Cárdenas) F.Ritter
原生地：玻利維亞

S. arenacea × *S. tarabucoensis*

蟹食猿
S. canigueralii (Cárdenas) Buining
& Donald
原生地：玻利維亞

S. canigueralii 'Applanata'
原生地：玻利維亞

聖麗絲
S. gerosenilis Riha & Arandia
原生地：玻利維亞

S. heliosoides P.Lechner
& A.Draxler
原生地：玻利維亞

S. langeri Augustin & Hentzschel
原生地：玻利維亞

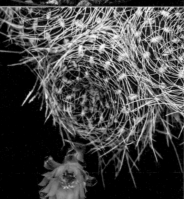

寶珠丸
S. steinbachii (Werderm.) Backeb.
原生地：玻利維亞東部

S. vasqueziana Rausch
原生地：玻利維亞

普克拉
S. pulchra (Cárdenas) Donald
原生地：玻利維亞

S. tarabucoensis Rausch
原生地：玻利維亞

S. tarabucoensis (cristata)

S. tarabucoensis (variegated)

灰球掌屬 / 紙刺屬
Tephrocactus

屬名源自希臘文 tephra，意思是灰燼之顏色，意指植株表皮顏色不鮮豔。本屬由團扇屬 (*Opuntia*) 獨立出來，分布於阿根廷、智利及玻利維亞之乾旱砂土地區，具 15 個物種，常以種子或枝條扦插繁殖。

　　形態特徵：莖幹為圓球或橢圓球狀，互相連接，可產生側芽。大部分具深灰白色或棕色之銳刺。疣狀突起輕微隆起。花朵有多種顏色，例如白色、白色帶粉紅色、黃色及紅色。種子扁平狀，具翼狀構造。

槍武者
Tephrocactus aoracanthus Lem.
原生地：阿根廷

習志野
T. geometricus (A.Cast.) Backeb.
原生地：阿根廷及玻利維亞

彎將殿
T. alexanderi Backeb.
原生地：阿根廷

習志野 '無刺' / 無刺習志野
T. geometricus 'Inermis'

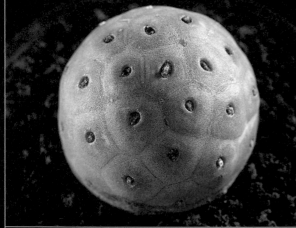

妖鬼殿 / 蛸壺
T. molinensis (Speg.) Backeb.
原生地：阿根廷

Tephrocactus sp. 'Chilecito'
原生地：阿根廷

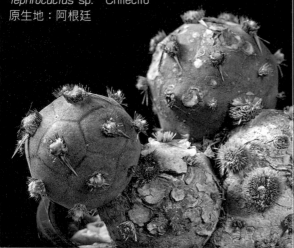

白狐
T. weberi (Speg.) Backeb.
原生地：阿根廷

瘤玉屬
Thelocactus

先前被歸類為 *Echinocactus* 屬，而後才獨立為瘤玉屬 (*Thelocactus*)。屬名源自希臘文 thele，意思為乳頭，屬名直譯為乳頭仙人掌，意指本屬植物疣狀突起外觀似胸部。具有超過 10 個物種，分布於墨西哥及美國德克薩斯州。生長緩慢，但栽培容易，喜歡疏鬆、排水良好之介質。

　　形態特徵：莖幹圓柱形或圓球形，表皮綠色或藍灰色，疣狀突起隆出。在稜脊之間有時具白色毛狀附屬物。刺硬，具直刺或彎曲刺姿態。一般而言為單幹，僅有少數幾種會長側芽。大花顯眼，著生於植株先端，花有粉紅色、白色或奶油色，於白天開花。

大統領
Thelocactus bicolor
(Galeotti) Britton & Rose
原生地：美國及墨西哥

春雨玉
T. bicolor subsp. *schwarzii* (Backeb.) N.P.Taylor
原生地：墨西哥

大統領 '無刺' / 無刺大統領
T. bicolor 'Inermis'

T. bicolor × *T. rinconensis*

天晃
T. hexaedrophorus (Lem.) Britton & Rose
原生地：墨西哥

原學名為 *T. fossulatus* (Scheidw.) Britton & Rose (variegated)，現更名 *T. hexaedrophorus* (variegated)，為現今大部分人所使用之名稱，具有多種錦斑變異形態。

紅鷹
T. heterochromus (F.A.C.Weber) Oosten
原生地：墨西哥

武者影
T. hexaedrophorus subsp. *lloydii* (Britton & Rose) Kladiwa & Fittkau
原生地：墨西哥

鶴巣丸
T. rinconensis (Poselger) Britton & Rose
原生地：墨西哥

T. rinconensis subsp.
multicephalus (Halda & Panar.
ex Halda) Lüthy
原生地：墨西哥

眠獅子
T. rinconensis subsp.
freudenbergeri (R.Haas) Mosco
& Zanov.
原生地：墨西哥

龍王球
T. setispinus (Engelm.)
E.F.Anderson

龍王球錦
T. setispinus (variegated)

龍王球石化
T. setispinus (monstrose)

姣麗球屬
Turbinicarpus

屬名源自希臘文，turbinatus 及 carpos，指本屬果實形狀若陀螺，為小型至中型之仙人掌。僅在墨西哥發現，分布於礫石地質之原野邊或丘陵，隱身於草叢或低矮之植物中，有些物種生長於岩壁上。姣麗球屬共有 15 個物種及多個亞種，多數本屬仙人掌原生地範圍狹小，甚至在兩種姣麗球屬仙人掌分布的重疊地區可見有自然雜交後代，現今本屬野生族群被盜採作為觀賞植物。栽培容易，開花量大，植株小，栽培所需空間不大，因此很受歡迎。

　　形態特徵：根部肥大累積養分。多數為單幹，疣狀突起自莖幹突出，有些物種之刺向上彎曲，有些則是呈捲曲狀或筆直狀。相較於莖幹而言，花朵大，白色、黃色或粉紅色，著生於植株先端，於白天開花，壽命僅 1-2 天。

黑槍丸
Turbinicarpus gielsdorfianus (Werderm.) John & Riha

赤花姣麗 / 阿隆索
T. alonsoi Glass & S.Arias

赤花姣麗錦
T. alonsoi (variegated)

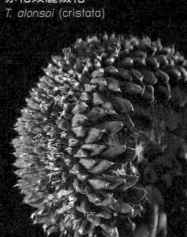

赤花姣麗綴化
T. alonsoi (cristata)

赤花姣麗錦 + 綴化
T. alonsoi (cristata & variegated)

白狼玉
T. beguinii (N.P.Taylor)
Mosco & Zanovello

紅梅殿
T. horripilus (Lem.) John & Riha

劉氏丸
T. laui Glass & R.A.Foster

姣麗丸
T. lophophoroides (Werderm.)
Buxb. & Backeb.

單刺嬌麗
T. jauernigii G.Frank

姣麗球屬雜交種錦
T. jauernigii hybrid (variegated)

烏丸
T. polaskii Backeb.

T. polaskii forma *variegata*

T. x *pulcherrimus* Halda & Panar.

小型長城丸 / 迷你長城丸
T. pseudomacrochele subsp. *minimus*
(G.Frank) Lüthy & A.Hofer

長城丸石化
T. pseudomacrochele (monstrose)

撫城丸
T. pseudomacrochele subsp.
krainzianus (G.Frank) Glass

原學名為 *T. pseudomacrochele* var.
sphacelatus Diers & G.Frank，現
更名 *T. pseudomacrochele* subsp.
krainzianus

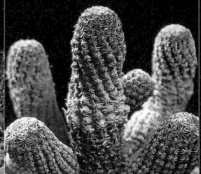

精巧殿雜交種
T. pseudopectinatus hybrid (variegated)

精巧殿
T. pseudopectinatus (Backeb.)
Glass & R.A.Foster

精巧殿 '無刺' / 無刺精巧殿
T. pseudopectinatus 'Inermis'

仙境
T. saueri (Boed.) John & Riha

升龍丸

T. schmiedickeanus (Boed.) Buxb. & Backeb.

本種刺有多種形態，原先被歸類為許多不同之物種，但現今均被歸類為升龍丸下之不同亞種，依照植株不同的來源及形態特徵，劃分為 8 個亞種。

安德森丸

T. schmiedickeanus subsp. *andersonii* Mosco

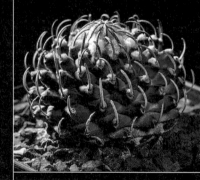

暮城丸

T. schmiedickeanus subsp. *bonatzii* (G.Frank) Panar.

曲輝玉

T. schmiedickeanus subsp. *flaviflorus* (G.Frank & A.B.Lau) Glass & R.A.Foster

長刺升龍丸 / 長刺昇龍丸

T. schmiedickeanus subsp. *gracilis* (Glass & R.A.Foster) Glass

升雲龍
T. schmiedickeanus subsp.
klinkerianus (Backeb. &
W.Jacobsen) Glass & R.A.Foster

牙城丸
T. schmiedickeanus subsp.
macrochele (Werderm.) N.P.Taylor

T. schmiedickeanus subsp.
macrochele 'Dr. Arroyo'

T. schmiedickeanus subsp.
macrochele 'Frailensis'

離城丸
T. schmiedickeanus subsp.
rioverdensis (G.Frank) Lüthy

鳥城丸
T. schmiedickeanus subsp.
schwarzii (Shurly) N.P.Taylor

T. schmiedickeanus subsp.
schwarzii (cristata)

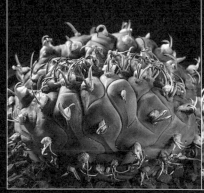

T. schmiedickeanus 'Mysakii'

伊莎貝拉
T. saueri subsp. ysabelae
(Schlange) Lüthy

白琥 / 薫染丸
T. saueri subsp. *knuthianus*
(Boed. & Lüthy)

Turbinicarpus sp. 'TU-16' (variegated)

T. subterraneus (Backeb.)
A.D.Zimmerman

黃月華
T. swobodae Diers & Esteves

T. zaragozae (Glass & R.A.
Foster) Glass & Hofer

菲克雷克圓錐玉
T. viereckii (Werderm.)
John & Riha

薔薇丸
T. valdezianus (Møller) Glass & R.A.Foster
本物種花為白色，有時被稱作 *T. valdezianus* var.
albiflorus。

薔薇丸綴化
T. valdezianus (cristata)

薔薇丸錦
T. valdezianus (variegated)

海虹雜交種
T. viereckii hybrid

海虹雜交種錦
T. viereckii hybrid (variegated)

尤伯球屬
Uebelmannia

屬名是為紀念瑞士植物收藏家 Werner J. Uebelmann，他出資贊助 Leopold Horst 進行植物調查。本屬植物僅分布於巴西，性喜通風良好及光線穩定之環境，若在高濕環境下栽培，易感染銹病，在表皮上產生銹斑。

形態特徵：莖幹圓球形，單幹，表皮粗糙，刺沿著稜脊整齊排列。花朵小，錐形花，黃色，著生於植株先端中央之毛狀附屬物中。種子圓形或橢圓形，黑色或棕色。生長緩慢。

U. meninensis Buining

貝氏尤伯球
Uebelmannia buiningii Donald

櫛極丸 / 櫛刺尤伯球錦
U. pectinifera (variegated)

櫛極丸 / 瘤尤伯球 / 櫛刺尤伯球
U. pectinifera Buining

為瀕臨絕種之仙人掌，分布於巴西米納斯吉拉斯州 (Minas Gerais) 海拔 650-1,350 公尺高之地區，僅有 3,000 平方公里的窄小範圍。

櫛極丸於西元 1967 年被發現後，很快就受到大家喜愛，並在全世界玩家中廣泛流傳。刺墨黑色，沿著稜脊條狀排列似大梳子般，與綠色或紫色的表皮對比下極具觀賞價值，使其市場需求逐漸增加，人為栽培之數量逐漸超過野生族群，為導致本種野生族群瀕臨絕種原因之一，此外，櫛極丸棲地還受農耕及野火蠶食、野鼠以之為食，且巴西人也會將之製作成當地的點心。

櫛極丸綴化
U. pectinifera (cristata)

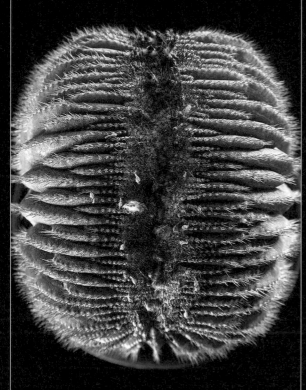

黃刺櫛極丸 / 黃刺尤伯球
U. pectinifera subsp. *flavispina* (Buining & Brederoo)
P.J.Braun & Esteves

樹膠尤伯球
U. gummifera (Backeb. & Voll)
Buining

U. pectinifera subsp. *eriocactoides*

U. pectinifera subsp. *eriocactoides*
(cristata)

花笠球屬
Weingartia

屬名源自德國專精仙人掌的植物學家 Wilhelm Weingart 之名。花笠球屬原生於南美洲海拔 1,600-3,600 公尺高之山區。本屬至少有 49 個物種，性好排水良好之介質，多數物種對炎熱氣候適應良好，不需在冷涼環境中亦能開花結果。以種子和分株繁殖。

　　形態特徵：莖幹單幹，或分枝呈小型群生姿態。每個刺座有多個多刺，花朵小，黃色或紅色，著生在莖幹先端。果實小，橢圓形，淺綠色至深綠色，成熟時顏色愈深或轉為紅色。

W. kargliana Rausch
原生地：玻利維亞

花飾玉
Weingartia fidaiana (Backeb.) Werderm.
原生地：玻利維亞

花殿玉
W. neumanniana (Backeb.)
Werderm.
原生地：阿根廷

長毛花笠丸 / 雷娜塔
W. lanata F.Ritter
原生地：玻利維亞

花笠丸
W. neocumingii Backeb.
原生地：玻利維亞

W. neocumingii Backeb.

Weingartia sp. ' HS-158 '

Weingartia hybrid

Weingartia hybrid (variegated)

Wigginsia 屬

屬名源自專精中美洲植物之植物學家 Dr. Ira Loren Wiggins，原生於南美洲阿根廷、玻利維亞、烏拉圭及巴西，海拔約 2,000 公尺高之山麓地帶或石礫平原的草叢或其他植物中。至少有 8 個物種。以種子繁殖。

形態特徵： 植株圓球形。花朵大，粉紅色或黃色，著生於植株先端，花朵同時開花。果實成熟時由綠色轉為粉紅色或紅色，表皮光滑，內有黑色大種子。在野外依賴螞蟻和雨水散佈種子。

地久丸
Wigginsia erinacea (Haw.) D.M.Porter
原生地：阿根廷、巴西、烏拉圭

慈母球屬／岩虎屬
Yavia

本屬仙人掌為西元 2001 年所發現，屬名源自阿根廷 Yavi 村落，因當時慈母球屬仙人掌僅見於此地，而後於玻利維亞海拔 3,600-3,800 公尺高之山地亦有發現其蹤跡，因慈母球屬仙人掌顏色與周圍岩屑相似，看起來不明顯，而容易被忽略。本屬僅有一個物種。

形態特徵：單幹，具有肥大的主根，埋藏於土壤中以獲得水分和養分。刺小，不尖銳，但若觸碰仍會感到疼痛。花朵小，粉紅色，著生於植株先端。果實內種子少。

隱遁丸／岩虎
Yavia cryptocarpa R.Kiesling & Piltz
原生地：玻利維亞及阿根廷

種名意思是「隱秘的」，意指其在雨季結出的果實藏於植株內，直到乾季時因植株內水分用盡而萎凋，才見得果實。在市場之植株多為嫁接株，使植株呈群生姿態，與野生之單幹姿態不同。

屬間雜交仙人掌
Intergeneric hybrid

這些屬間雜交仙人掌源自玩家對性狀奇異、新穎仙人掌之需求，藉由嘗試雜交育種而產生，雜交親本大多數選用親緣關係較近者。這些屬間雜交仙人掌數量不多，且生產者亦少。

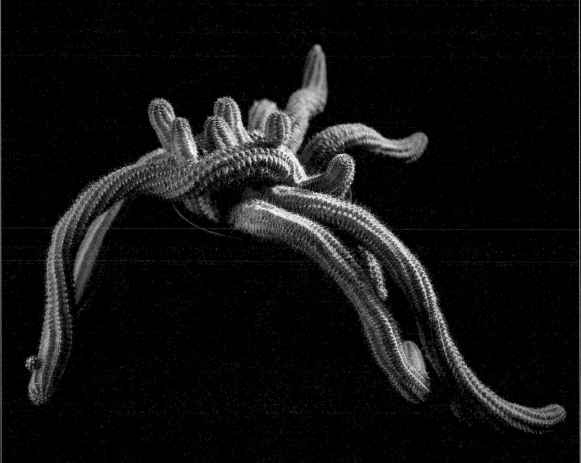

X *Echinobivia* 'Westfield Alba'

為 *Chamaecereus silvestrii* 及 *Lobivia* sp. 之屬間雜交子代，因此學名為 X *Chamaelobivia* 'Westfield Alba' 而後因為 *Chamaecereus silvestrii* 學名變更為 *Echinopsis chamaecereus*，因此改名為 X *Echinobivia* 'Westfield Alba'。花朵為白色。然而因其親本性狀非常相似，且來回雜交，導致品種鑑定上有時很困難。

X *Ferobergia* hybrid

Ferocactus sp. 與 *Leuchtenbergia principis* 之屬間雜交子代，為廣泛傳播之雜交種，較其他屬間雜交子代更為常見，在市場上販售的多為 *Ferocactus* 屬為母本與 *Leuchtenbergia* 屬為父本之雜交子代，而以 *Ferocactus* 屬為父本之屬間雜交子代極少數。本雜交群在外型與顏色上具有豐富的變異性。

X *Ferobergia* hybrid (variegated)

Echinocactus grusonii X Ferocactus sp. (variegated)

Echinocactus grusonii X *Ferocactus schwarzii*

索引

仙人掌圖鑑聖經

作　　者	Pavaphon Supanantananont
譯　　者	楊侑馨、阿懶
社　　長	張淑貞
總 編 輯	許貝羚
主　　編	鄭錦屏
特約美編	謝蘅鎂
行銷企劃	曾于珊、劉家寧
版權專員	吳怡萱
發 行 人	何飛鵬
事業群總經理	李淑霞

出　　版　城邦文化事業股份有限公司　麥浩斯出版
E-mail　　cs@myhomelife.com.tw
地　　址　104 台北市民生東路二段 141 號 8 樓
電　　話　02-2500-7578
傳　　真　02-2500-1915
購書專線　0800-020-299

發　　行　英屬蓋曼群島商家庭傳媒股份有限公司城邦分公司
地　　址　104 台北市民生東路二段 141 號 2 樓
電　　話　02-2500-0888
讀者服務電話　0800-020-299（9:30AM~12:00PM；01:30PM~05:00PM）
讀者服務傳真　02-2517-0999
劃撥帳號　19833516
戶　　名　英屬蓋曼群島商家庭傳媒股份有限公司城邦分公司

香港發行城邦〈香港〉出版集團有限公司
地　　址　香港灣仔駱克道 193 號東超商業中心 1 樓
電　　話　852-2508-6231
傳　　真　852-2578-9337

新馬發行　城邦〈新馬〉出版集團 Cite(M) Sdn. Bhd.(458372U)
地　　址　41, Jalan Radin Anum, Bandar Baru Sri Petaling,57000 Kuala Lumpur, Malaysia.
電　　話　603-9057-8822
傳　　真　603-9057-6622

製版印刷　凱林印刷事業股份有限公司
總 經 銷　聯合發行股份有限公司
電　　話　02-2917-8022
傳　　真　02-2915-6275
版　　次　初版 1 刷 2019 年 10 月　5 刷 2023 年 5 月
定　　價　新台幣 650 元／港幣 217 元
Printed in Taiwan
著作權所有 翻印必究（缺頁或破損請寄回更換）

國家圖書館出版品預行編目（CIP）資料

仙人掌圖鑑聖經 / Pavaphon Supanantananont 著；楊侑馨、
阿懶 譯.-- 初版.-- 臺北市：麥浩斯出版：家庭傳媒城邦分
公司發行, 2019.10
　面；　公分
ISBN 978-986-408-532-3（平裝）

1. 仙人掌目 2. 植物圖鑑

435.48　　　　　　　　　　　　　　　　　108014124

CACTUS By Pavaphon Supanantananont
Copyright © 2016 by Amarin Printing and Publishing Public Company Limited
All rights reserved.
This translation is published by arrangement with Amarin Printing and Publishing Public Company Limited, through The
Grayhawk Agency.
Chinese language (Complex Chinese characters) edition © My House Publication, a division of Cite Publishing Ltd.